Sheikh Khadar Basha
Boyina Ravi Prasad Rao

Árvores de Nallamalais Ghats orientais, Índia

Sheikh Khadar Basha
Boyina Ravi Prasad Rao

Árvores de Nallamalais Ghats orientais, Índia

ScienciaScripts

Imprint

Cover image: www.ingimage.com

This book is a translation from the original published under ISBN 978-620-2-07559-6.

Publisher:
Sciencia Scripts
is a trademark of
Dodo Books Indian Ocean Ltd. and OmniScriptum S.R.L publishing group

120 High Road, East Finchley, London, N2 9ED, United Kingdom
Str. Armeneasca 28/1, office 1, Chisinau MD-2012, Republic of Moldova, Europe
Printed at: see last page
ISBN: 978-620-7-91579-8

ÍNDICE DE CONTEÚDOS

CAPÍTULO 1. INTRODUÇÃO

A biodiversidade é o "capital de recursos" de qualquer nação. A biodiversidade, em interação com o ambiente físico, constitui a base do desenvolvimento sustentável. A catalogação dos recursos da biodiversidade, o mapeamento da sua distribuição geográfica e a estimativa quantitativa dos seus povoamentos naturais são talvez as informações mais importantes de que qualquer país necessita na era pós-CBD. Há uma necessidade crítica de tais conjuntos de dados para converter os nossos recursos biológicos em riqueza económica. Existem várias lacunas nos inquéritos e nos conjuntos de dados relativos aos recursos vegetais da Índia que precisam de ser imediatamente colmatadas.

A destruição do ambiente natural a nível mundial devido à explosão demográfica, à urbanização, à industrialização e à fragmentação dos habitats conduziu a uma enorme perda de diversidade biológica nas últimas décadas. As florestas tropicais da Índia estão a sofrer uma forte interferência biótica em termos de sobre-exploração, recolha ilegal e extração não científica de recursos vegetais, mesmo nas zonas protegidas. As plantas medicinais estão a ser colhidas em grandes quantidades nas florestas. Estes regimes de colheita estão a ameaçar a sobrevivência das espécies em estado selvagem. A sobre-exploração é suscetível de reduzir drasticamente o tamanho das populações abaixo do nível crítico e, consequentemente, a sobrevivência da espécie em *si.*

A análise da relação quantitativa entre as espécies vegetais que crescem à volta de uma área reflecte a propriedade estrutural da comunidade. Este estudo não serve apenas para descrever a vegetação, mas também para prever o seu padrão e classificá-la de uma forma significativa (Ilorkar e Khatin, 2003). A investigação fitossociológica da vegetação é um pré-requisito para investigar os pormenores da produtividade primária de um ecossistema. Há uma escassez de estudos deste tipo sobre as florestas tropicais e subtropicais da Índia. Os dados provenientes da inventariação e da monitorização são essenciais para identificar as questões-chave dos objectivos políticos e de gestão na era dos direitos de propriedade intelectual. Esses dados podem ser utilizados para estudos de avaliação do impacto ambiental no futuro, especialmente no que se refere a áreas prioritárias de conservação.

O declínio contínuo ou a perda de populações de árvores pode ter um grande impacto na estrutura florestal local. Cerca de 7.800 espécies de árvores estão atualmente registadas como ameaçadas de extinção à escala global (Oldfield *et al.,* 1998). No entanto, faltam informações sobre o estado e a distribuição de muitas espécies ameaçadas e é provável que o número real seja muito mais elevado. Na sua lista vermelha mais recente (IUCN, 2016), a IUCN avaliou que 2484 taxa de plantas estão criticamente em perigo, 3643 estão em perigo e 5435 são vulneráveis.

É geralmente reconhecido que a forma mais eficaz de assegurar a sobrevivência e a evolução a longo prazo das espécies arbóreas, e das comunidades ecológicas de que fazem parte, é manter populações viáveis no seu ambiente nativo (Kramer *et al.,* 2011). Os estudos florísticos sobre as árvores ajudam a compreender a estrutura das florestas e constituem a base para a gestão sustentável das florestas.

Nallamalais, a área de estudo do presente trabalho, é um dos 234 Centros de Diversidade Vegetal do mundo (Davis et al., 1995). Nallamalais engloba dois santuários de vida selvagem, Nagarjunasagar-Srisailam Tiger Reserve e Gundlabrahmeswaram. Uma análise exaustiva da literatura e as observações de campo da nossa equipa de investigação revelaram a presença de mais de 1500 espécies de plantas em

Nallamalais, representando cerca de 50% da flora estimada dos Ghats Orientais. Nallamalais é rica em habitats diversificados que suportam uma vasta gama de vida vegetal e animal e fornece meios de subsistência às comunidades tribais indígenas, bem como a outros habitantes da floresta. A tribo local chenchu possui um rico conhecimento botânico tradicional e utiliza mais de 450 espécies de plantas para curar diferentes doenças. Os habitantes da floresta recolhem, transformam e comercializam diferentes tipos de produtos florestais não lenhosos, nomeadamente frutos, plantas medicinais herbáceas, gomas e folhas de beedi. Para além disso, grandes quantidades de lenha e forragem colhidas nas áreas florestais constituem o meio de subsistência básico das populações rurais.

Apesar da importância ecológica e económica das florestas de Nallamalais, estes ecossistemas têm sido sujeitos a grandes pressões e continuam a enfrentar múltiplas ameaças. A desflorestação e a degradação das florestas dos Nallamalais continuam sem diminuir. Mesmo as zonas protegidas enfrentam enormes pressões das comunidades locais que vivem no interior e em redor das florestas e de outras "pessoas da biosfera". A forte interferência biótica, principalmente relacionada com a sobre-exploração de recursos vegetais selvagens, está a conduzir a uma perda alarmante de populações de espécies na área de estudo.

A falta de informações completas e consolidadas sobre os recursos vegetais constitui um grande obstáculo em todo o processo de conservação e utilização dos recursos vegetais de Nallamalais. É importante dispor de uma avaliação do estado atual das vertentes naturais destes recursos, da sua distribuição geográfica e da sua estrutura populacional para se chegar a níveis sustentáveis de exploração e desenvolver planos de trabalho para os recursos florestais.

Várias lacunas nos conjuntos de dados de trabalhos anteriores sobre a área de estudo estão a ser minimizadas no presente estudo com a intervenção do National Bioresources Development Board (NBDB), Govt. of India. O NBDB identificou os Ghats Orientais como uma das áreas prioritárias para a inventariação sistemática no país. A este respeito, foi desenvolvido em 2005 um programa abrangente para a utilização sustentável dos recursos nas eco-regiões seleccionadas, incluindo os Ghats Orientais. Sob a égide de um projeto de investigação patrocinado pelo Departamento de Biotecnologia da GoI, intitulado "avaliação quantitativa e cartografia dos recursos vegetais dos Ghats Orientais", realizámos este estudo durante 2005-2009 e, mais tarde, no âmbito de outro projeto, continuámos o trabalho até dezembro de 2016.

O presente estudo é a primeira tentativa sistemática de sempre para uma avaliação quantitativa em grande escala dos recursos vegetais e para documentar os níveis populacionais destes recursos vegetais com base em dados de campo exaustivos através de técnicas de amostragem. O nosso trabalho tem como objetivo fornecer um conjunto completo de dados sobre a identidade, a distribuição geográfica e o estado da população dos recursos arbóreos de Nallamalais. Este trabalho está organizado de modo a formular sítios de conservação a nível regional para uma monitorização mais aprofundada dos recursos vegetais e para identificar os habitats de rica biodiversidade.

CAPÍTULO 2. REVISÃO DA LITERATURA

A. INVENTÁRIOS DE ÁRVORES A NÍVEL MUNDIAL E DA ÍNDIA

Bose *et al.* (1998) forneceram uma descrição pormenorizada de 1548 espécies de árvores, distribuídas em diferentes partes do mundo. Parte da literatura relativa às árvores da Índia inclui os trabalhos de Beddome (1869-74), Gamble (1881), Brandis (1906), Troup (1921), Blatter (1926, 1929) Blatter, S.J, (1937), Ireland (1934), Colthurst (1937), Boulton (1944), McCann (1947), Cowen (1950), Bor (1953), Blatter e Millard (1954), Chaudhuri (1967), Deb (1989), Karthikeyan *et al.* (1989), Sanjappa (1991), Chakrabarty e Gangopadhyay (1996) e Neginhal (2004). Os trabalhos regionais sobre árvores incluem Cameron (1894) sobre árvores florestais de Mysore, Bourdillion (1908) sobre árvores de Travancore, Alan (1911) sobre árvores de Madras, Lushington (1915) sobre árvores da Presidência de Madras e Benthall (1946) sobre árvores de Calcutá. Os principais trabalhos sobre a flora e a vegetação da Índia que abrangem as árvores são Roxburgh (1832), Hooker (18721897), Gamble e Fischer (1915-35), Fyson (1931) e Champion e Seth (1968). Kumar e Bhanja (1992) produziram um manual de sementes para árvores florestais de Andhra Pradesh. Sasidharan (2004) elaborou a flora arbórea de Kerala.

Flora arbórea dos Ghats Orientais e Nallamalais

Subba Rao *et al.* (1988) apresentaram uma visão sinóptica dos recursos vegetais e da sua gestão nos Ghats Orientais. Kumar & Bhanja (1992) produziram um manual de sementes para árvores florestais de Andhra Pradesh. Sandhya Rani & Pullaiah (2002) registaram 560 taxa de árvores dos Ghats Orientais. Suryanarayana *et al.* (2002) inventariaram a riqueza vegetal das cadeias montanhosas de Veligonda e registaram 1014 espécies pertencentes a 558 géneros e 149 famílias. Sudhakar

Reddy *et al.,* (2009) prepararam uma lista de verificação de todas as árvores indígenas e naturalizadas dos Ghats Orientais do estado de Andhra Pradesh e registaram 510 taxa pertencentes a 252 géneros e 73 famílias.

Os estudos sobre os recursos vegetais (incluindo árvores) de Nallamalais incluem Ellis (1982, 1987, 90), Reddy *et al.* (1988), Krishna Mohan & Bairava Murthy (1992); Vijayalakshmi (1993), Kumar (1995); Goud & Pullaiah (1996), Pullaiah & Kumar (1996), Rama Rao e Henry (1996) , Goud (1997), Muralidhara Rao (1997), Vijayakumar (1998), Anon, (1998), Rajkumar *et al.* (1998), Kumar & Pullaiah (1999), Goud *et al.* (1999), Pullaiah & Murthy (2000), Rao, P. N. *et al.* (2001), Bhakshu (2002), Goud *et al.* (2002), Pullaiah & Muralidhara Rao (2002), Pullaiah *et al.* (2003), Rajasekhar Reddy *et al.* (2006), Venkataratnam (2006), Muralidhara Rao & Pullaiah (2007), Pullaiah *et al.* (2007), Thulsi Rao *et al.* (2007), Sudhakar Reddy *et al.* (2007), Jeevan Ram & Raju (2007) e Murthy & Benjamin (2008).

Wagh (1960), enquanto trabalhava na flora do Estado de Andhra, recolheu mais de 200 números de campo das regiões de Nallamalais de Nandyal, Velgode e Peccheruvu e depositou-os no Herbário Blatter (BLATT). Ellis (1987) fez um levantamento pormenorizado da flora de Nallamalais e registou 743 taxa pertencentes a 419 géneros e 109 famílias, incluindo 144 árvores, das quais as mais interessantes são *Eriolaena lushingtonii e Phyllanthus indofischeri.* Raju e Pullaiah (1995) fizeram um levantamento da flora do distrito de Kurnool e registaram 1 064 espécies, das quais 208 são árvores, abrangendo 194 de Nallamalais do distrito de Kurnool.

Pullaiah e Sandhya Rani (1999) efectuaram estudos florísticos sobre as árvores de Andhra Pradesh e registaram 531 espécies de árvores, abrangendo mais de 200 árvores de Nallamalais.

No âmbito dos seus trabalhos sobre a flora de Andhra Pradesh, Pullaiah e Chennaiah (1997), Pullaiah e Ali Moulali (1997), Pullaiah (1997) e Pullaiah e Karuppusamy (2008) registaram 2601 espécies, das quais 531 são árvores. Krishna Mohan (1987) efectuou estudos sistemáticos sobre a flora do distrito de Prakasam e registou 206 espécies de árvores de Nallamalias. Raghava Rao (1989) estudou a flora do distrito de Mahaboobnagar e registou 1174 taxa, dos quais 173 são árvores. Ramakrishnaiah (1990) estudou a flora do distrito de Guntur e registou 98 árvores.

Sunitha (2002) efectuou um levantamento dos bosques sagrados do distrito de Kurnool e registou 138 taxa de árvores, dos quais 119 são de Nallamalais. Fez mais de 100 adições aos Nallamalais depois de Raju & Pullaiah (1995), das quais 18 são árvores. Shali Saheb (2008) estudou as plantas medicinais de Nallamalais e registou 501 taxa, dos quais 137 são árvores. Jayamma (2008) estudou os recursos NTFP das zonas florestais de Bairlooty e Nagalooty, que fazem parte de Nallamalais. Murthy & Benjamin (2008) efectuaram um estudo crítico sobre a florística da Reserva do Tigre de Nagarjuna Sagar e registaram 962 espécies de angiospérmicas pertencentes a 120 famílias, 517 géneros, incluindo 203 espécies de árvores. Sudhakar Reddy *et al.* (2008) registaram 36 espécies de árvores, acrescentadas a Andhra Pradesh.

B. UTILIZAÇÃO DOS RECURSOS ARBÓREOS

Rao & Hemadri (1979) publicaram um livro sobre plantas medicinais de Andhra Pradesh, abrangendo mais de 50 espécies de árvores. Prance *et al.* (1987) estudaram a etnobotânica quantitativa de 4 grupos populacionais tribais na Amazónia. Calcularam os valores de uso das espécies designando espécies de plantas principais e secundárias para um determinado uso e deram valores arbitrários de 1,00 para uso principal e 0,50 para uso secundário. Ojo e Ola-Adams (1996) opinaram que o conhecimento do número e da densidade de espécies individuais ajudará a exploração sustentável dos recursos florestais.

Balasubramanian e Rajasekaran (1998) estudaram a utilização de plantas silvestres por comunidades tribais na divisão florestal de Satyamangalam e registaram 49 plantas comestíveis silvestres, 54 espécies medicinais e 11 forragens e estrume, 8 fibras e 19 plantas com outras utilizações. Prasad *et al.*, (1998) referiram a existência de certas plantas úteis para a conservação dos Ghats Orientais, que produzem sementes oleaginosas. Ravikumar e Ved (2000) referiram que a casca de *Saraca asoca* é utilizada para curar a biliosidade, dispepsia, disenteria, cólicas, hemorróidas, úlceras, borbulhas e o extrato alcoólico é ativo contra uma vasta gama de bactérias. Krishnamurthy *et al.*, (2002) exploraram as colinas Shervaroy dos Ghats Orientais e documentaram 22 espécies de plantas angiospérmicas produtoras de corantes.

Jadhav e Reddy (2002) registaram 715 espécies para conservação *in situ* de plantas medicinais em Andhra Pradesh, incluindo *Atalantia monophylla, Glycosmis pentaphylla, Pterocarpus santalinus*, etc., distribuídas em Nallamalais. Solomon Raju & Rao (2003) sublinharam a importância medicinal da madeira de sândalo e da liana vermelha. Foram desenvolvidas bases de dados electrónicas para plantas que são significativamente importantes, espécies de plantas para a segurança alimentar económica na Índia, incluindo um desses centros na Universidade de Ciências Agrícolas de Bangalore (Ganeshaiah & Umashaanker, 2003).

A NRSA (2007), utilizando a teledeteção e o SIG, trouxe uma dimensão adicional à perspetiva da gestão dos recursos biológicos. Registaram 252 espécies economicamente importantes dos ghats orientais de Andhra Pradesh no âmbito do projeto de biodiversidade da Fase II, incluindo 123 árvores. Também registaram 261 espécies de importância medicinal e as suas utilizações indicativas, abrangendo 93 espécies de árvores, incluindo *Aegle marmelos, Holarrhena pubescens* e *Madhuca indica*, etc. Rao (2008) apresenta uma descrição da nomenclatura de plantas úteis de Andhra Pradesh.

Recursos florestais não lenhosos

O termo Produtos Florestais Não Madeireiros (PFNM) parece ter sido cunhado pela primeira vez por De Beer e McDermott (1989). As florestas da Índia contêm mais de 3000 espécies de plantas (Negi, 1992), que produzem uma grande variedade de produtos não lenhosos, desde lenha a forragens, alimentos, medicamentos, fibras, fios dentais, bambus, canas, óleos essenciais, frutos secos comestíveis, frutos, mel, látex, corantes e resinas. Há cerca de 500 milhões de pessoas que vivem nas florestas e nas suas imediações e cuja sobrevivência pode ser considerada dependente de rendimentos suplementares provenientes dos PFNL.

Foram efectuados vários estudos em diferentes partes do mundo sobre a recolha, a transformação, a comercialização e a conservação dos PFNM em geral (BIODEV, 1994), as plantas medicinais como PFNM na Tunísia (Chemili, 1997), a goma-arábica (Chikamai, 1997) e as nozes no Peru (Collinson *et al.*, 2000). Kaushal *et al.* (2005) defenderam fortemente a consecução dos 8 Objectivos de Desenvolvimento do Milénio (ODM) através dos produtos florestais não lenhosos, que centraram a atenção na redução da pobreza. A avaliação dos recursos de base dos PFNM é um instrumento fundamental para monitorizar o impacto ambiental da comercialização (FAO, 2000, Sheil *et al.*, 2002, Dirk, 2004.).

C. ANÁLISE QUANTITATIVA DA COMUNIDADE ARBÓREA

A cartografia e a monitorização da vegetação constituem um requisito fundamental para as actividades de gestão e planeamento a nível local, modelando a distribuição das espécies com recurso a substitutos ambientais de locais de planeamento conhecidos, quando não existe informação primária (Anderson e Meyer, 2004). A associação de uma determinada espécie a condições ambientais específicas está documentada há muito tempo (Colding e Folke, 1997; Hubbell, 2005), mas a análise quantitativa só foi possível recentemente (Cullen *et al.*, 2001) com o advento de novas ferramentas, bem como a disponibilidade de dados espaciais contínuos sobre vários parâmetros ambientais (Keer e Ostrovsky, 2003).

Ravishankar (1998) afirmou que os tipos de vegetação são, em geral, determinados pelo clima, altitude, solo e factores bióticos. As estimativas da diversidade biológica de uma comunidade de espécies num habitat devem referir-se à variação biológica entre as espécies e não apenas aos seus números e frequências (Ganeshaiah e Umashaanker, 2000). De acordo com Koellner *et al.* (2004), a quantificação da diversidade de espécies à escala regional é bastante difícil devido às dificuldades em medir a abundância e a distribuição das espécies.

Inventários de amostragem

Muitos métodos ecológicos quantitativos foram propostos para estudar plantas de importância etnobotânica por Johns *et al.* (1990), Moerman (1991) e Cotton (1997). Dallmeier (1992) opinou que os inventários florísticos e os estudos sobre a dinâmica florestal se baseiam geralmente em parcelas de amostragem. O autor monitorizou vários tipos de florestas tropicais primárias e secundárias através do método de parcelas em reservas da biosfera da Bolívia, Peru, Porto Rico, Ilhas Virgens Americanas e outros locais. A distribuição das parcelas de amostragem utilizando mapas de vegetação foi preparada a partir de imagens de satélite do IRS LISS III FCC por Roy *et al.* (1993). Os efeitos da dimensão das parcelas e a influência da forma das parcelas nas estimativas da diversidade vegetal foram avaliados por Kilburon (1966), Greg-Smith (1983) e Laurance *et al.* (1998), respetivamente.

O trabalho pioneiro em estudos quantitativos foi efectuado por Davis e Richards (1934) que inventariaram todas as árvores ≥10cm dbh em cinco parcelas de 1,5 ha de floresta tropical sempre verde de Moragalli Creek, Guiana. Na Índia, os estudos de inventário quantitativo foram iniciados por Rai (1981), que estudou todas as árvores ≥10cm dbh em quatro parcelas de diferentes dimensões nas zonas de Devimane, Malimane, Kodkami e Katleken dos Ghats Ocidentais. Boom (1989) efectuou estudos quantitativos através do método de transecto de cintura na área da tribo Chocopo no norte da Bolívia. A maioria dos estudos seguiu os métodos de parcelas, incluindo parcelas quadradas de 100mx100m (Gentry, 1988); 10mx10m (Shalisaheb, 2008) e parcelas rectangulares de 10x1000m por Boom (1986). A investigação baseada em parcelas ocorre com uma gama de tamanhos de parcelas de 0,1ha (Uhl e Murphy, 1981), 50 ha (Hubbell e Foster, 1983) a 52 ha (Condit *et al.*, 1996 & 2000) na América Latina.

O tamanho das árvores tem sido utilizado para a enumeração da distribuição das classes de perímetro. Os estudos incluem a enumeração de árvores individuais tão pequenas como 2,5 cm dbh (Knight, 1975), 4,5 cm dbh (Bunyavejchewin, 1999), 5 cm dbh (Valencia *et al.*, 1994; Upadhaya *et al*, 2003; Small *et al.*, 2004) e 10 cm gbh (Venkateshwaran e Parthasarathy, 2003), 30 cm gbh (Campbell *et al.*, 1986; Kanade *et al.*, 2008), 91 cm gbh (Poore, 1968), 152,4 cm gbh (Fox, 1967). Os limiares de perímetro frequentemente utilizados são 10 cm dbh ou 30 cm gbh, esta classe de tamanho desempenha um papel importante na estrutura e no funcionamento da floresta do que os tamanhos inferiores (Newbery *et al.*, 1992).

Estudos de casos noutros países

Carneiro (1978) estimou as árvores por parcela de terra para a tribo knikeru na bacia do alto rio Xinger na Amazónia brasileira. Campbell (1989) e Prance (1991) fizeram numerosos estudos comparativos sobre estimativas quantitativas de espécies úteis na bacia amazónica. Geldenhuys e Murray (1993) analisaram a estrutura populacional de espécies dominantes seleccionadas. A estrutura populacional da maioria das espécies do dossel apresenta uma curva exponencial negativa ou em forma de J invertido para uma floresta mista sempre-verde na África do Sul. Valencia *et al.* (1994) estudaram a elevada diversidade alfa das árvores no Equador amazónico através do método de amostragem de parcelas de 100x100m com >5cm dbh e registaram 473 taxa alguma vez registados numa amostra de floresta tropical desta dimensão. Ojo e Ola-Adams (1996) estudaram as árvores com 5 cm de DAP em cinco locais da floresta tropical nigeriana. Caniago & Siebert (1998) documentaram a abundância, a distribuição e o conhecimento de 250 espécies de plantas medicinais de Kalimantan, na Indonésia, e verificaram que as florestas de sucessão tardia, primárias e ribeirinhas continham a maior diversidade de espécies medicinais utilizadas localmente. Gillespie *et al.*, (2000) estudaram a diversidade, composição e estrutura das florestas tropicais secas na América Central.

Alelign *et al.*, (2007) estudaram a diversidade e o estado de regeneração de plantas lenhosas na península de Zegie, no noroeste da Etiópia, e registaram um total de 113 espécies de plantas lenhosas numa área de 5,28 ha, das quais 56% eram árvores, através da colocação de 132 quadrantes de 20x20m. Zakaria *et al.*, (2009) analisaram as comunidades vegetais de seis parcelas de estudo nas reservas florestais de Penang, Malásia, através de uma amostragem de 20mx20m e registaram 729 indivíduos de 359 espécies diferentes. Linares-

Palomino e Ponce-Alvarez (2009) investigaram os padrões estruturais e a florística de uma floresta sazonalmente seca na Reserva Ecologia Chappari, Lambayeque, Peru e registaram 24 espécies pertencentes a 19 géneros e 12 famílias. Hadi *et al.*, (2009) avaliaram a diversidade de árvores, a comparação de espécies e a estrutura florestal de 3,4 km^2 de floresta tropical primária numa importante área de conservação em Siberut do Norte, Indonésia, e enumeraram as árvores através de parcelas de 20mx20m para ≥ 20cm dbh, 10mx10m para 10-19cm dbh e 5mx5m para ≤9cm dbh e registaram 93 espécies de árvores.

Estudos de casos na Índia

Behera *et al.*, (2000) estudaram a estratificação e a cartografia das florestas de *Taxus baccata* L. no Vale de Talle utilizando a deteção remota e o SIG, com base nos dados IRS 1C LISS-III FCC. Mohanty *et al.*, (2002) estudaram a fitossociologia da Reserva da Biosfera de Similipal e documentaram 189 espécies de árvores pertencentes a 169 géneros e 60 famílias. Padalia *et al.*, (2004) analisaram os padrões de diversidade de espécies de árvores, a relação entre classes de perímetro, a regularidade e os parâmetros de semelhança das populações de árvores para diferentes tipos de florestas de Andaman, medindo árvores com > 17 cm de altura de 462 parcelas de amostragem e registaram 369 espécies pertencentes a 233 géneros e 77 famílias. Nath *et al.*, (2005) estudaram a análise da vegetação e a estrutura das populações de árvores em três vertentes das florestas tropicais húmidas de folha perene no Parque Nacional de Namdapha e nos seus arredores, em Arunachal Pradesh, e mediram as árvores com uma classe de perímetro >30cm gbh, o que resultou em 71 espécies distribuídas por 62 géneros e 27 famílias.

Kharkwal *et al.*, (2005) examinaram a fitodiversidade e a forma de crescimento em relação ao gradiente altitudinal na região central dos

Himalaias (Kumaun) da Índia e concluíram que a distribuição e o padrão de riqueza de espécies nesta região dependem em grande medida da altitude e de variáveis climáticas como a precipitação e a temperatura. Supriya Devi & Yadava (2006) estudaram o índice de diversidade de arbustos e ervas, que se verificou ser mais elevado do que o das espécies arbóreas em Manipur. Srivastava (2008) estudou treze povoamentos florestais situados perpendicularmente a um curso de rio para determinar a composição das espécies e o padrão de regeneração na cintura de Bhabhar, situada nas colinas do sopé do Himalaia, colocando 10, 100m^2 quadrats.

Shah Hussain *et al.* (2008) descrevem a composição de espécies e a estrutura da comunidade de 23 povoamentos florestais em Kumaon Himalaya e registaram 19 comunidades de árvores e 17 comunidades de vegetação rasteira através da amostragem de um total de 902 parcelas em 23 povoamentos florestais. Tripathi e Singh (2009) estudaram a estrutura da diversidade de espécies e a concentração da dominância de plantas lenhosas em vários estratos de florestas naturais e de plantação no santuário de vida selvagem de Katerniahat, no Norte da Índia, através da colocação de quadrículas de 15mx20m.

Estudos sobre os Ghats Orientais e Nallamalais

Kadavul & Parthasarathy (1999) sugeriram que a variação na riqueza de espécies de vários tipos de floresta não é apenas determinada por factores edáficos, mas também pela sua proximidade da aldeia e pelas dimensões da parcela. Sivaraj e Krishnamurthy (2002) estudaram a fenologia e a ecologia reprodutiva de Shervaroy Hills relativamente a 175 taxa de árvores. Sunitha (2002) efectuou estudos fitossociológicos em bosques sagrados de Ahobilam em Nallamalais e registou 69 espécies de árvores da área do bosque e 34 da área não protegida. Soosairaj *et al.*, (2003) realizaram estudos quantitativos sobre as árvores das colinas de Pacchaimalai nos Ghats orientais da Índia e registaram 53 espécies de árvores de 46 géneros em 26 famílias de florestas mistas de folha caduca.

A NRSA (2007) amostrou 4170 parcelas nos Ghats Orientais com um tamanho de quadrado de 20mx20m e registou todas as espécies de árvores com > 30cm cbh. As plantas com >17cm cbh a < 30cm cbh são consideradas como rebentos. Registaram 221 espécies de árvores de florestas decíduas secas do sul de Andhra Pradesh, incluindo Nallamalais. Utilizaram os dados digitais do IRS P6 LISS-III, IRS 1C/1D LISS-III, LANDSAT ETM+ e IRS P6 AWiFS para a caraterização da paisagem. Shali Saheb (2008) quantificou os recursos vegetais medicinais de Nallamalais numa área de 0,3ha e registou 49 espécies de árvores pertencentes a 44 géneros e 26 famílias. Ramachandran *et al.,* (2008) estudaram a diversidade de espécies arbóreas de florestas semi-verdes em Chitteri hills, Ghats orientais de Tamilnadu.

Mohandass & Davidar (2009) inventariaram plantas com > 1cm dbh em 19 florestas montanhosas sempre-verdes (Sholas) das Montanhas Nilgiri, colocando parcelas de 30mx30m e registaram 87 espécies, 65 géneros e 42 famílias. Destas, 57 espécies são árvores e *Litsea wightiana* é a dominante entre as espécies amostradas. Mani e Parthasarathy (2009) investigaram as alterações na diversidade das espécies de árvores, na densidade do povoamento e na biomassa acima do solo em duas florestas tropicais secas de folha perene {Kuzhanthai kuppam (KK) e Thirumanikkuzhi (TM)} da Índia peninsular, recenseando todas as árvores > 10cm gbh após um intervalo de 10 anos (1995-2005) e registaram uma diminuição de 10,5% na densidade das árvores em KK, mas um aumento de 17,8% em TM. Rasingam & Parthasarathy (2009) estudaram a diversidade de espécies arbóreas e a estrutura populacional nas principais formações florestais e categorias de perturbação na ilha de Little Andaman e registaram 186 espécies com 125 géneros e 56 famílias, medindo um gbh de >30 cm.

Distribuição espacial das populações de plantas

As populações de plantas apresentam três padrões de distribuição espacial: regular, agrupada e aleatória (Pielou, 1960). A distribuição em tufos é muito comum na natureza porque as sementes podem cair ao acaso numa área, mas se o hábito não for homogéneo, a proporção de germinação e de prosperidade variará de local para local, de modo que a densidade é elevada em alguns locais e baixa noutros (Feller, 1943). Poore (1968) mapeou árvores >90cm dbh numa parcela de 26ha (620m x 420m) de floresta da Malásia e descobriu que a maioria delas estava agrupada. Os padrões de agrupamento eram predominantes em todas as florestas tropicais (75 a 100%) (Kadavul e Parthasarathi, 1999). Austin *et al.* (1972) indicaram que, na ausência de grandes perturbações, as condições do solo e da água desempenham um papel importante no controlo da distribuição das espécies.

Análise quantitativa de plântulas de árvores - estudos de regeneração

Austin (1977) afirmou que a presença de rebentos sob copas de árvores adultas também indica a composição futura de uma comunidade. Segundo Hubbell (1979), se uma população é composta em grande parte ou exclusivamente por adultos, então ou a população está em declínio ou então a reprodução na espécie é de natureza episódica. De acordo com Saxena e Singh (1984), as estruturas populacionais caracterizadas pela presença de uma população suficiente de plântulas, rebentos e adultos indicam uma regeneração bem sucedida das espécies florestais. Khan *et al.*, (1987) e Umashankar (2001) referiram que o estado de regeneração das espécies foi determinado com base no tamanho da população de plântulas e de rebentos.

Sukumar *et al.* (1992) descobriram que a floresta decídua de Mudumalai tinha uma estrutura populacional mais ou menos expansiva com uma deficiência de indivíduos na classe de tamanho mais pequena. Algumas espécies tinham poucos ou nenhuns indivíduos na classe de tamanho mais pequena (<5cm dbh) em comparação com a área maior. Sundriyal *et al.* (1994) afirmaram que todos os indivíduos <10 cm dbh foram considerados como indivíduos em regeneração. Herrera *et al.*, (1998) afirmaram que os processos fenológicos e os padrões de produção de frutos e sementes têm fortes efeitos tanto no recrutamento de plantas como em muitas espécies de animais que têm os frutos e/ou sementes como principal fonte de alimento. Ayyapan & Parthasarathy (1999) e Henle *et al.* (2004) afirmaram que a composição futura das florestas depende do potencial estado de regeneração das espécies arbóreas dentro do povoamento florestal.

Pandey (2000) investigou a pressão biótica e o seu impacto na regeneração e no crescimento de plantas selvagens em florestas tropicais húmidas de folha caduca do santuário de vida selvagem de Katerniahat, no norte da Índia. Anjan kumar *et al.* (2004) verificaram que o tamanho das populações naturais de *Saraca asoca tem vindo a* diminuir ao longo dos anos devido ao facto de o banco de sementes nos Ghats Ocidentais ser muito pobre, pelo que avaliaram o potencial de Asoka para propagação vegetativa através de camadas de ar. Sagar & Singh (2005) examinaram o impacto da perturbação no padrão de diversidade, na estrutura da floresta e na regeneração de espécies arbóreas na floresta tropical seca de Vindhyan, na Índia.

Kumar e Swamy (2007) estudaram a estrutura da população arbórea e o potencial de regeneração de seis bosques sagrados de Tamil Nadu, registaram 37 espécies pertencentes a 32 géneros e 27 famílias e concluíram que o nível de perturbação nos bosques sagrados influenciou a estrutura da população arbórea e a qualidade do povoamento. Kumar & Thakur (2008) efectuaram estudos sobre o efeito dos incêndios florestais na vegetação lenhosa e o comportamento de regeneração na floresta de pinheiros de Chir, Himachal Pradesh. Pare *et al.*, (2009) efectuaram estudos sobre os efeitos do estado de conservação e da pressão da população humana na composição das espécies, densidade e distribuição espacial das populações de plântulas nas florestas secas sudanesas do Burkina Faso e registaram 63 espécies, representando o maior número de plântulas de Combretaceae e Caesalpiniaceae.

D. ASPECTOS DE CONSERVAÇÃO

Ameaças à biodiversidade das florestas tropicais Geral

A desflorestação tropical é uma grande preocupação em várias frentes da conservação dos recursos vegetais. É importante para o aquecimento global e as alterações climáticas regionais (Houghton *et al.*, 2000). Salwasser (1990) enumerou os principais factores que afectam a diversidade biológica, que incluem a poluição, a fragmentação dos habitats, a utilização excessiva dos recursos, a conservação das zonas selvagens para a agricultura e a indústria e outras utilizações humanas. Gopal (1997) estudou a riqueza das espécies vegetais e a densidade dos arbustos e das árvores ao longo de gradientes de perturbação (situações centrais, tampão e marginais), utilizando parcelas aleatórias no Santuário de Gundlabrahmeswaram e na Reserva de Tigres Srisailam-Nagarjuna Sagar, nos Ghats Orientais. Para além das alterações do ambiente provocadas pelo homem, a estocasticidade natural pode também constituir uma ameaça adicional à persistência das espécies (Holsinger 2000; Vucetich *et al.*, 2000).

De acordo com Roy *et al.* (2001), a taxa atual de perda e perturbação das florestas tropicais resultou numa perda de 5-10% de todas as espécies florestais numa década, durante o último quarto do século. Segundo William-Linera (2002), para as florestas tropicais, é necessário compreender e minimizar o impacto ecológico do homem nos ecossistemas florestais. Arun *et al.*, (2002) estudaram o impacto da pressão antropogénica na biodiversidade de Kolli Hills. O aumento da intensidade das perturbações indicou que a pressão antropogénica local é responsável pelo esgotamento (Sagar e Singh, 2003). Sanjay Singh *et al.* (2006) referiram que os recursos naturais se têm vindo a esgotar devido à destruição de habitats e que, se a interferência humana continuar, as plantas desaparecerão para sempre.

Sivaraj *et al.* (2006) opinaram que os Ghats Orientais estão ameaçados devido a várias pressões associadas ao avanço tecnológico e ao aumento do interesse pela fitoterapia a nível mundial. Os recursos naturais dos Ghats Orientais continuam a estar ameaçados devido à crescente procura por parte dos colonos locais e temporários, tanto dentro como fora das zonas protegidas (Gopal, 1997). Sivaraj *et.al.*, (2006) opinaram que os Ghats Orientais estão ameaçados devido a várias pressões associadas ao avanço tecnológico e ao aumento do interesse pela fitoterapia a nível mundial.

Chapman *et al.* (2008) estudaram os impactos do furacão nas árvores florestais da bacia do rio Pearl, no Louisiana, e compararam a estrutura e a dinâmica da floresta antes e depois da tempestade. Belote *et al.* (2008) examinam a diversidade e a invasibilidade ao longo de um gradiente experimental de perturbação nas florestas dos Apalaches, EUA. Pitchairamu *et al.*, (2008) investigaram os padrões de distribuição em áreas perturbadas, moderadamente perturbadas e não perturbadas de florestas tropicais secas de folha caduca de Piranmalai, Ghats orientais em Tamilnadu, em torno de seis locais e registaram 16 espécies de árvores de 14 géneros e 12 famílias medindo 30,1 cm gbh de árvores.

Incêndios antropogénicos

Os incêndios antropogénicos remontam a 50.000 anos atrás, quando os caçadores-recolectores colonizaram a Índia (Gadgil e Meher Homji, 1985). Desde então, os incêndios acidentais ocorrem na estação seca devido à utilização humana das florestas, e os incêndios intencionais são ateados para a deslocação das culturas, para aumentar a produção de forragens e a recolha de produtos florestais não lenhosos (Saha, 2002).Kramer (1997) apresentou que a remoção do gado e um programa ativo de supressão de incêndios resultaram no aumento rápido e dramático da cobertura florestal tropical seca. Os actuais incêndios antropogénicos em florestas de folha caduca são de interesse porque a sua distribuição espacial e intensidade influenciam o recrutamento de árvores, a estatura da floresta, o crescimento das árvores e as propriedades do solo (Sukumar *et al.,* 1998).

Martin (1989) afirmou que a espessura e o teor de humidade da casca são considerados os atributos que melhor caracterizam a adaptação de uma espécie ao fogo. Kalbokidis & Wakimoto (1992) afirmaram que as chances de sobrevivência também dependem da resistência das árvores ao fogo, que varia muito entre as espécies, dependendo do tamanho da árvore, da condição fisiológica, da qualidade do sítio e da época de queima. De acordo com Fensham (1995), a frequência e a intensidade do fogo também afectam a estrutura, diminuindo a densidade da floresta em diferentes regiões de floresta tropical seca do mundo. Murphy & Lugo (1995) opinaram que o fogo, a recolha de madeira e o pastoreio pelo gado são as perturbações antropogénicas mais importantes na floresta tropical seca.

Rajiv Srivastava (1998) observou o impacto dos incêndios florestais e da interferência biótica na biodiversidade dos Ghats Orientais. Rikhari & Palni (1999) referiram que os incêndios florestais generalizados de 1992 provocaram uma redução do coberto vegetal de cerca de 4,8% no santuário de vida selvagem de Binsar. O fogo é uma força ecológica conhecida por moldar muitas das comunidades vegetais e paisagens do mundo (Woodward e Midgley, 2005). Ilyas & Khan (2005) efectuaram uma avaliação da mortalidade das árvores e do padrão de regeneração após o incêndio no santuário de vida selvagem de Binsar, nos Himalaias de Kumaun.

Zonas prioritárias de conservação e centros de diversidade vegetal

Janzen (1998) estudou a diversidade, composição e estrutura das florestas tropicais secas na América Central e afirmou que a floresta tropical seca é um dos ecossistemas mais ameaçados nas terras baixas dos trópicos e argumenta que merece uma elevada prioridade de conservação. De acordo com Lerdau *et al.* (1991); Gerhardt & Hytteborn (1992), uma avaliação da diversidade de espécies na América Central poderia fornecer informações valiosas sobre as prioridades de conservação na região.

Caldecott *et al.* (1996), a riqueza de espécies e o endemismo são dois atributos-chave da biodiversidade que reflectem a complexidade e a singularidade dos ecossistemas naturais. Umashaanker e Ganeshaiah (1997) iniciaram esforços para identificar os pontos quentes da variação genética de algumas plantas medicinais importantes no sul da Índia. Cannon *et al.*, (1998) as árvores fornecem recursos e estrutura de habitat para quase todas as outras espécies. Sastry (2002) estudou o conceito de hotspots e a sua aplicação aos Ghats Orientais para a conservação da biodiversidade. Rennolls e Laumonier (2000) afirmaram que a diversidade de espécies de árvores é um aspeto importante da diversidade do ecossistema florestal.

Rao (1998) afirmou que, das 234 citações de CPD no mundo, o subcontinente indiano alberga 13 sítios CPD e abrange 25 000 espécies, incluindo Nallamalais (IS9). Destas, 12 000 espécies (48%) são endémicas. Gopal (1997) referiu que Gundlabrahmeswaram e algumas partes de NSTR tinham as florestas menos degradadas devido à existência de áreas protegidas. Referiu que, em Gundlabrahmeswaram, as margens dos cursos de água são dominadas por espécies sempre verdes como *Mangifera indica, Terminalia arjuna* e *Dillenia pentagyna.* Seshagiri Rao (1998) inventariou os recursos vegetais e vegetais valiosos dos Ghats Orientais com referência específica a Andhra Pradesh e à sua conservação.

Listas vermelhas da IUCN e Plantas Ameaçadas e Endémicas

A Lista Vermelha de Espécies Ameaçadas da UICN, elaborada pela Comissão para a Sobrevivência das Espécies (SSC) da União Mundial para a Natureza (UICN), destaca as espécies que correm maior risco de extinção e promove a sua conservação, concentrando as atenções nas verdadeiras prioridades (Collar, 1996). A evolução da Lista Vermelha ao longo da última década (Master, 1991; Mrosovsky, 1997) foi complementada por um maior reconhecimento e utilização (por exemplo, as citações em revistas especializadas aumentaram de duas em 1994 para 283 em 2004). Ahmedullah e Nayar (1986) e Nayar (1996) enumeraram as espécies endémicas da Índia, do Nepal e do Butão. Sharma *et al.* (1997) avaliaram que a Índia possui o maior número de espécies endémicas do mundo. Mini Raj & Nybe (1998) estudaram as plantas medicinais endémicas, raras, em perigo e ameaçadas das florestas de Peechi em Kerala.

Assume-se frequentemente que as classificações da Lista Vermelha continuam a basear-se apenas na opinião de peritos, que a Lista Vermelha é simplesmente uma classificação de espécies em categorias de ameaça, ou que foram avaliadas muito poucas espécies para que seja um instrumento útil para compreender os padrões e as ameaças à biodiversidade (Possingham *et al.,* 2002). A metodologia de categorização foi revista várias vezes ao longo dos anos e foram publicadas muitas versões até à data, incluindo Mace & Stuart (1994). A recente versão 3.1 da IUCN teve em consideração todos os aspectos (IUCN, 2016).

Os taxa que se encontram ameaçados estão a ser categorizados pela IUCN desde 1977 e publicados em livros de dados vermelhos e listas vermelhas. A Lista Vermelha de Plantas Ameaçadas da UICN de 1997 incluiu 12,5% das plantas vasculares do mundo numa das categorias de ameaça (Walter e Gillet, 1998). A base de dados de espécies do PNUA-WCMC (PNUA-WCMC, 2009) fornece a taxonomia, a distribuição e a informação sobre a conservação das espécies contidas na *Base* de Dados de Plantas Ameaçadas *(BG-BASE).* Os dados são coligidos a partir de uma vasta gama de fontes, principalmente listas vermelhas de plantas nacionais publicadas e informações fornecidas por grupos de especialistas da IUCN/SSC. Esta base de dados pesquisável inclui todas as espécies de flora enumeradas nos apêndices da CITES, com exceção do Apêndice II Orchidaceae. Contém informações sobre mais de 136.000 taxa de plantas de importância para a conservação, com base em 19.000 fontes de dados. Foram efectuados vários estudos sobre espécies ameaçadas em todo o mundo (Maria, 2003; Cristian *et al.,* 2007).

O levantamento botânico da Índia, seguindo as directrizes da IUCN, publicou 3 volumes do livro de dados vermelhos, abrangendo mais de 621 plantas ameaçadas que se encontram sob vários graus de ameaça (Nayar & Sastry, 1987, 1990) e uma lista revista que inclui mais de 1200 espécies foi publicada por Rao *et al.,* (2003). A Foundation for the Revitalization of Local Health Traditions (FRLHT) avaliou 47 espécies de plantas medicinais encontradas em Andhra Pradesh quanto ao seu estatuto de ameaça com base na versão recente da IUCN (Jadhav *et al.,* 2001). Narasimhan & Kumar (2003) apresentaram uma descrição exacta de algumas plantas medicinais ameaçadas como produtos florestais não lenhosos dos Ghats Orientais em Andhra Pradesh.

Jadhav e Reddy (2006) estudaram 58 plantas medicinais endémicas e incluídas na lista vermelha em oito MPCA em Andhra Pradesh. Mishra e Agarwal (2006) estudaram as plantas ameaçadas dos Ghats do Noroeste e apresentaram uma lista de 78 espécies de endemismos rigorosos com o seu estatuto atual na lista vermelha, que devem ser acrescentadas ao livro de dados vermelho. Arya e Agarwal (2006) forneceram informações sobre 48 plantas ameaçadas e 34 plantas terapêuticas folclóricas importantes de valor comercial do Uttaranchal. NRSA (2007) referiu 15 espécies endémicas e ameaçadas dos Ghats orientais meridionais de Andhra Pradesh. Nove delas são espécies arbóreas, incluindo *Boswellia ovalifoliolata, Eriolaena lushingtonii* e *Hildegardia populifolia.*

Murugesan & Balasubramaniam (2008) registaram 12 espécies endémicas ao estudarem o endemismo na flora das colinas de Velliangiri, Coimbatore. Nair & Jayakumar (2008) inventariaram a flora da nova RF de Amarabalam nos Ghats ocidentais da Índia e registaram um total de 1175 taxa pertencentes a 644 géneros e 136 famílias, 21 % dos quais são endémicos. Naik (2008) estudou a conservação da flora e da fauna ameaçadas de extinção do lago Chilaka. Udayan *et al.* (2008) estudaram as plantas medicinais raras, endémicas e incluídas na lista vermelha das florestas de Yercaud, no distrito de Salem, em Tamilnadu.

Suresh & Rao (2009) estudaram o padrão de distribuição da espécie

Cycas beddomei, criticamente ameaçada e endémica a nível mundial, na floresta das colinas de seshachalam. Verificaram variações no padrão de distribuição num gradiente altitudinal. Rao *et al.* (2009) estudaram o estado de conservação atual da espécie e confirmaram o seu estatuto de espécie criticamente ameaçada.

Cartografia dos recursos vegetais

Umashaanker *et al.* (1998) desenvolveram um método de preparação de mapas de recursos para espécies vegetais, projectando os dados dos transectos em toda a grelha. Cheluvaraju *et al.* 2001, seguindo a mesma metodologia, prepararam mapas de recursos de PFNL e plantas medicinais a nível local para o bambu e as plantas medicinais. Os mapas incorporaram o valor de conservação das manchas florestais, para além de serem úteis na identificação de pontos críticos de diversidade numa determinada floresta, tal como opinam Shivaraj *et al.* (2000) e Ganeshaih & Umashaanker (2003). A cartografia dos recursos foi efectuada nas colinas de Biligiri Rangaswamy por Umashaanker *etal.* (1998).

Estratégias de conservação

A Estratégia Global para a Biodiversidade (Anon., 1992) e a Estratégia Nacional para a Biodiversidade e o Plano de Ação da Índia (Anon., 2000) e de Andhra Pradesh (Rao, 2001) salientaram o reforço da investigação sobre questões éticas, culturais e religiosas relacionadas com a biodiversidade no contexto de espécies sagradas, bosques sagrados e paisagens sagradas (Ramakrishnan, 1996). Andhra Pradesh, que engloba os Ghats centro-orientais, albergava mais de 300 bosques importantes e só Nallamalais albergava 40 deles (Anon., 1996; Rao, 1996), que Rao *et al.* (2001) designaram por *Pavithravanalu.*

Ganeshaiah e Uma shaanker (1998) apelam a uma abordagem nacional para dar prioridade às necessidades de conservação através de uma integração hierárquica dos elementos biológicos e espaciais da conservação. Ganeshaiah & Umashaanker (1999) propuseram estratégias de conservação para os recursos biológicos indianos. Sunitha e Rao (1999) apresentaram uma descrição dos bosques sagrados do distrito de Kurnool.

Sunitha (2002) estudou a biodiversidade vegetal dos bosques sagrados do distrito de Kurnool, abrangendo Nallamalais, e propôs estratégias de conservação. Os atlas de biodiversidade são considerados importantes para a conservação dos recursos florestais, tal como opinou Ganeshaiah (2002). Tiwari *et al.* (2004) salientaram a conservação da biodiversidade com referência específica à flora medicinal, à conservação do habitat e ao cultivo de plantas medicinais nos Himalaias. Prasad *et al.* (2006) sugeriram ameaças e estratégias de conservação para as plantas medicinais.

CAPÍTULO 3. ÁREA DE ESTUDO

Os Nallamalais, um dos Centros de Diversidade Vegetal (CPD) (Davis et al., 1995), representam um grupo de colinas moderadamente íngremes localizadas no Ghats Central Oriental entre as latitudes 15º 20' - 16 - 30' N e as longitudes 78º 30' - 80º 10' E nos Estados de Andhra Pradesh e Telangana (**Placa 1**). Estendem-se por uma área de 7640 km2 e correm de norte a sul numa extensão de cerca de 130 km, com alguns penhascos íngremes. O nome Nallamala na língua local, Telugu, significa colinas negras (nalla=preto, mala=colinas). Um palpite sobre o nome é que estas cadeias de montanhas estão infestadas de febre da água negra.

Os Nallamalais abrangem maioritariamente os distritos de Kurnool, Mahaboobnagar e Prakasam e pequenas manchas em Guntur e Nalgonda. O ponto mais alto é Bairanikonda (1100 m), seguido do pico de Virannakonda (939 m). O aglomerado de colinas perto de Gundlabrahmeswaram é o núcleo dos Nallamalais que aparecem como planalto. A altitude dos Nallamalais centrais varia entre 300 e 800 metros. Os picos mais proeminentes são Durgappa konda (907), Katalakonda (863m), Gundlakonda (850m), Naramamula konda (810m) e Amadala konda (770m). As colinas são a morada de importantes santuários sagrados, como Srisailam, a norte, e Ahobilam e Mahanandi, a sul.

Clima

Os meses de janeiro, fevereiro e março são geralmente agradáveis, com ventos moderados de sudeste e uma temperatura média que varia entre 24º e 28º C. abril e maio são os meses mais quentes, com uma temperatura média de 32 C-34ºº C; a máxima é de 40º C e a mínima de 26º C. Durante os quatro meses seguintes, o vento sopra do lado ocidental e traz uma precipitação bastante boa. No final de setembro, começa a monção de nordeste. Em novembro e dezembro, a precipitação é escassa. De novembro a fevereiro, a temperatura desce até aos 8^0 C. A precipitação durante ambas as monções é mais intensa no lado ocidental de Nallamalais do que no lado oriental. A precipitação média em toda a região de Nallamalais é de cerca de 100 cm e deve-se sobretudo à monção de sudoeste. O planalto de Gundlabrahmeswaram recebe cerca de 127 cm de precipitação.

Drenagem

Os rios de maior importância em Nallamalais são o Krishna e o Gundlakamma. O rio Krishna constitui o limite norte de Nallamalais. Junta-se-lhe o rio Banavasi perto de Nivartisangam e corre através de uma área desimpedida de Nallamalais. O outro rio, o Gundlakamma, nasce perto de Gundlabrahmeswaram e atravessa Cumbum. Todos os seus afluentes, nomeadamente o Rollavagu, o Tigaleru, o Kundleru e o Duvvaleru, nascem nos Nallamalais. Existem muitas quedas de água, ribeiros sazonais e nascentes naturais perenes em Nallamalais, sendo a mais significativa a nascente perene Mahanandi. Outras nascentes de grande importância situam-se em Rudrakodu, Onkaram e Ahobilam.

Geologia e solos

Os Nallamalais compreendem duas formações geológicas principais: Kurnool e Cuddapah. A formação de Kurnool data do período pré-cambriano superior e situa-se principalmente na bacia central dos Nallamalais, estendendo-se pelo Krishna a norte e pelo

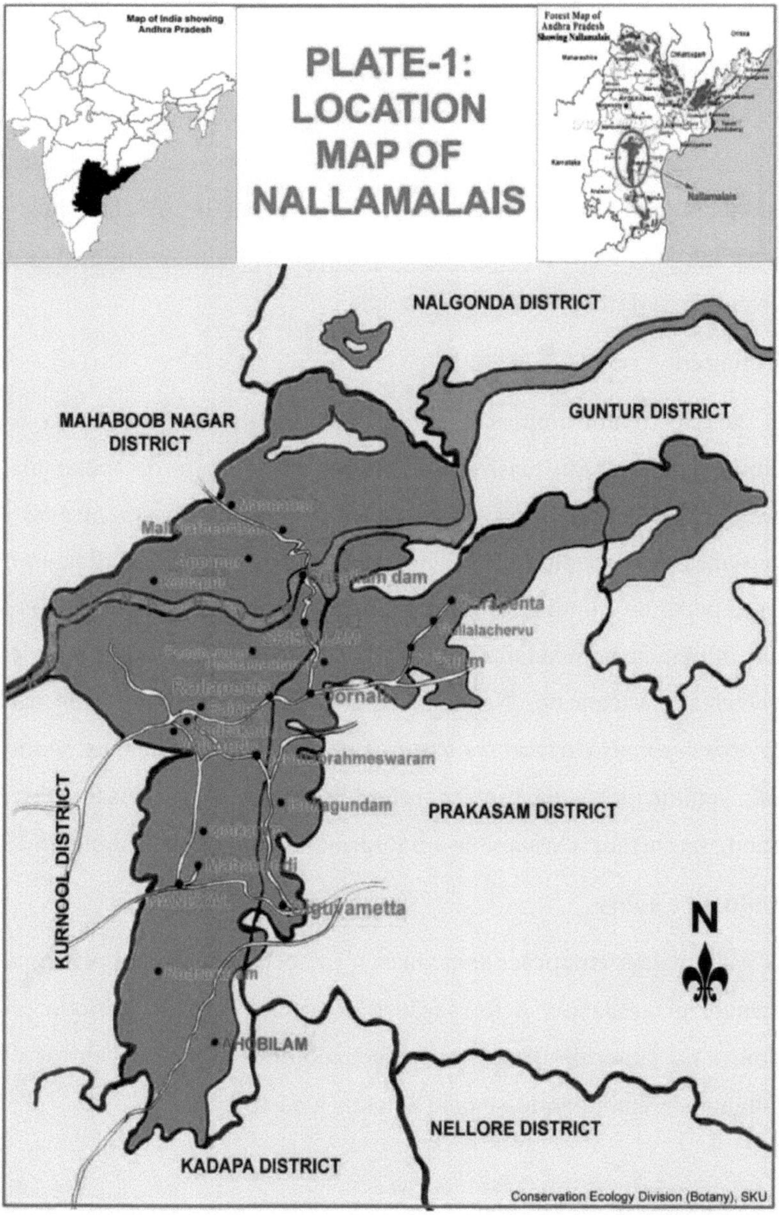

Yerramalais a oeste. A formação de Cuddapah é visível na divisão de Prakasam. O terreno é constituído pela formação geológica mais antiga, conhecida como Archeans, datada de há 2000 milhões de anos. Existem principalmente três tipos de solos: vermelho, preto e misto. As variedades vermelhas e mistas ocorrem nos sopés das colinas. Os solos florestais do interior são vermelhos com xistos calcários. Os solos negros ocorrem nas planícies onde se pratica a agricultura.

Florestas e vegetação

As florestas dos Nallamalais podem ser genericamente classificadas em três tipos: caducifólia húmida, caducifólia seca e matagal. A vegetação de folha caduca húmida está confinada à área de Gundlabrahmeswaram, à área entre a parte inferior e superior de Ahobilam, Mantralakanuma e Istakameswari-Srisailam, a algumas porções da cordilheira florestal de Peccheruvu; em Appapur e arredores, Saleswaram da cordilheira florestal de Mannanur, distrito de Mahaboobnagar. A flora destas regiões é notável pela rica diversidade florística e pelo crescimento luxuriante da floresta. O tipo de floresta é dominado por *Aglaia elaeagnoidea, Careya arborea, Dillenia pentagyna, Glochidion velutinum, Macaranga peltata, Mangifera indica, Terminaliaarjuna e Trema orientalis.* Um grande número de espécies herbáceas habita as florestas decíduas húmidas. Uma variedade de orquídeas, ervas tuberosas e cormosas são vistas como vegetação rasteira, incluindo *Actiniopteris radiata, Adiantum lunulatum, Costus speciosus, Curcuma pseudomontana* e *Zingiber roseum. Selaginella bryopteris e S. repanda* são comuns ao longo dos cursos de água nestas florestas. A presença de espécies selvagens de arroz, *Oryza officinalis* ssp. *melampuzhaensis* e *O. rufipogon,* denota a rica diversidade de gramíneas. *Bauhinia vahlii* e *Entadapursaetha* são lianas comuns nestas florestas.

As florestas decíduas secas são dominadas por *Anogeissus latifolia, Dalbergia lanceolaria, Gardenia gummifera, Gyrocarpus americanus, Pterocarpus marsupium, Pterospermum xylocarpum* e *Soymida febrifuga.* O tipo de floresta *Hardwickia binata* também é observado nas encostas das colinas perto do vale de Krishna. As espécies associadas incluem *Lannea coromandelica, Carissa spinarum, Chloroxylon swietenia, Dalbergia lanceolaria, Diospyros chloroxylon, Dolichandrone atrovirens e Euphorbia caducifolia.* As florestas do tipo bambu estão confinadas ao planalto de Gundlabrahmeswaram, Rollapenta e Peccheruvu. *A Bambusa arundinacea* é abundante ao longo dos cursos de água e *o Dendrocalamus strictus* é abundante em todo o lado.

Curiosamente, são observadas várias plantas de folha perene misturadas com florestas decíduas secas de Srisailam, Diguvametta, Ahobilam, Rollapenta, Rudrakodu, Mahanandi, etc. Estas estão confinadas a cursos de água perenes. Algumas delas são *Manilkara hexandra, Memecylon umbellatum, Santalum album, Suregada angustifolia* e outras. As florestas tropicais ribeirinhas estão intercaladas entre a floresta de Nallamalais onde correm os ribeiros e os rios. Algumas plantas de folha persistente, como *Cleistanthus patulus, Glochidion zeylanicum, Mangifera indica e Terminalia arjuna,* são comuns em Nallamalais. Os arbustos estão geralmente confinados à base das colinas, nas aldeias limítrofes e, em geral, nas periferias de florestas de folha caduca secas muito perturbadas e degradadas. No lado oriental de Nallamalais, o mato predomina e é visto com espécies como *Acacia catechu, Atalantia monophylla, Dichrostachys cinerea, Diospyros chloroxylon, Maytenus emarginata*, etc.

Recursos faunísticos

Nallamalais alberga espécies ameaçadas de extinção como o tigre e a pantera. Outros animais selvagens comuns em Nallamalais são ursos, lobos, cães selvagens, veados, javalis, sambaras, tartarugas-estrela, esquilos, corujas, pavões e galinhas, langoors, diferentes variedades de cobras, escorpiões, aranhas (incluindo as venenosas), moscas da manteiga, traças e insectos. As marcas frescas de tigres e panteras são normalmente vistas perto de Gundlabrahmeswaram, Pecheruvu, Mogilutla e Bairlooty logo após as chuvas de agosto-setembro.

Áreas protegidas em Nallamalais

Existem dois santuários de vida selvagem no distrito, nomeadamente, a Reserva de Tigres de Nagarjunasagar-Srisailam e Gundlabrahmeswaram, principalmente para a conservação dos tigres. Nagarjuna Sagar, Srisailam Tiger Project (vida selvagem), com uma área de 3 568 km2 que abrange Kurnool, Mahboob Nagar, Prakasam, Nalgonda e Guntur, situa-se entre 15^0 53' N - 16^0 - 43' N e 78° 30' E - 79^0 -28' E; Gundlabrahmeswaram, com uma área de 1 194 km2 que abrange Kurnool, Prakasam, Nalgonda e Guntur.km. abrangendo os distritos de Kurnool e Prakasam, situa-se entre 15° 40' N - 15^0 - 89' N & 78° 06' E - 78^0 - 09' E (Gopal, 1997). Dos 8 centros de conservação de plantas medicinais criados pelo departamento florestal estatal e pelo FRLHT, um é Pecheruvu, com uma área de 220 ha.

Etnologia

As tribos mais primitivas, os chenchus e os lambadis não aborígenes e migrados, os yerukula e os yanadi migrados vivem em Nalamalais.

Os Chenchus e os Sugalis, sendo grupos tribais conservadores, não estão muito adaptados ao estilo de vida moderno. Desde tempos imemoriais, as florestas de Nallamalais têm sido habitadas por chenchus, uma tribo aborígene e mais antiga do sul da Índia. Os chenchus vivem em grupos numa colina interior e em aldeias próximas. A população é de cerca de 39.000 pessoas, representando 10.000 famílias em cinco distritos, 50% das quais estão confinadas aos distritos de Mahaboobnagar e Prakasam.

A versão mitológica atribui a sua origem a uma história da palavra Narasimha de Ahobilam que casou com uma rapariga da tribo local chamada Chenchitha e a sua descendência proliferou em chenchus

(Pratap, 1975). Falam a língua telugu com uma entoação própria. Preparam araca com flores de Mohwa. São especialistas na recolha de mel, frutos silvestres e drogas vegetais em bruto. Comercializam os produtos florestais à Girijan Co-operative Corporation (GCC) e vendem nas aldeias vizinhas.

Os sugalis são, de facto, o maior grupo tribal e constituem cerca de 40% da população ST em Andhra Pradesh. Os Sugalis, também conhecidos por lambadis e Banjara, encontram-se maioritariamente na floresta de Nallamalais. Há uma crença generalizada de que estas pessoas migraram para o sul da Índia juntamente com o exército Moghul durante a sua invasão no século XVIIth . Falam a língua lambadi, que não tem escrita. Os Lambadas vivem em povoações exclusivas, chamadas Tandas, geralmente afastadas da aldeia principal, mantendo tenazmente a sua identidade cultural e étnica. Adoram o Senhor Krishna e também as divindades locais conhecidas como Peddamma e Poleramma. Dependem sobretudo de ervas e raízes para curar as suas doenças.

Moist deciduous forests - Saleswaram

Moist deciduous forests - GBM

Moist deciduous forests - Istakameswari

Dry deciduous forests - Peccheruvu

Dry deciduous forest - Jalpenta (Kollapur)

Dry deciduous forests - Vatavarlapalli

Scrub - Kakirala (Macherla)

Scrub - Komarolu (Giddalur)

CAPÍTULO 4. METODOLOGIA

CONCEPÇÃO DA AMOSTRAGEM

Os recursos vegetais foram avaliados quantitativamente através de 175 grelhas de tamanho 6,25x 6,25 km, cobrindo todo o terreno. As grelhas foram estratificadas com base no valor NDVI 130 utilizando conjuntos de dados de teledeteção (IRS-1C). Para referência, foram utilizadas as folhas de mapa do Survey of India com uma escala de 1:50.000 e 1:25.000. Cada toposheet de escala 1:50.000 engloba 16 grelhas e as toposheets de escala 1:25.000, 4 grelhas. Estas grelhas são representadas a noroeste (NW1, NW2, NW3 e NW4), nordeste (NE1, NE2, NE3 e NE4), sudoeste (SW1, SW2, SW3 e SW4) e sudeste (SE1, SE2, SE3 e SE4).

Estas 175 grelhas estão distribuídas por 4 distritos de Andhra Pradesh: Prakasam com 79 grelhas, Kurnool (50), Mahaboobnagar (26) e Guntur (20). Em cada grelha foi colocado aleatoriamente um transecto de cintura de 1000x5m. Com base na heterogeneidade do terreno, estes transectos foram divididos em 2-5 subtransectos de 500x5m a 200x5m, respetivamente. Dentro de cada transecto/subtransecto, foram estabelecidos dois quadrantes de 5x5m para a amostragem da regeneração de espécies arbóreas. Foi estabelecido um total de 276 transectos e 552 quadrículas de cinco metros quadrados em 175 grelhas de Nallamalais. Todas as 175 grelhas com os respectivos números de toposheet, número de subtransectos estabelecidos, tipo de vegetação dominante, intervalo de elevação da localização representativa estão tabeladas.

INVENTÁRIO DOS RECURSOS ARBÓREOS

As explorações de campo foram efectuadas nas grelhas de amostragem durante 2006-2009, abrangendo todas as estações do ano. A equipa de investigação realizou estudos de campo exaustivos durante mais de 200 dias e viajou muitas vezes

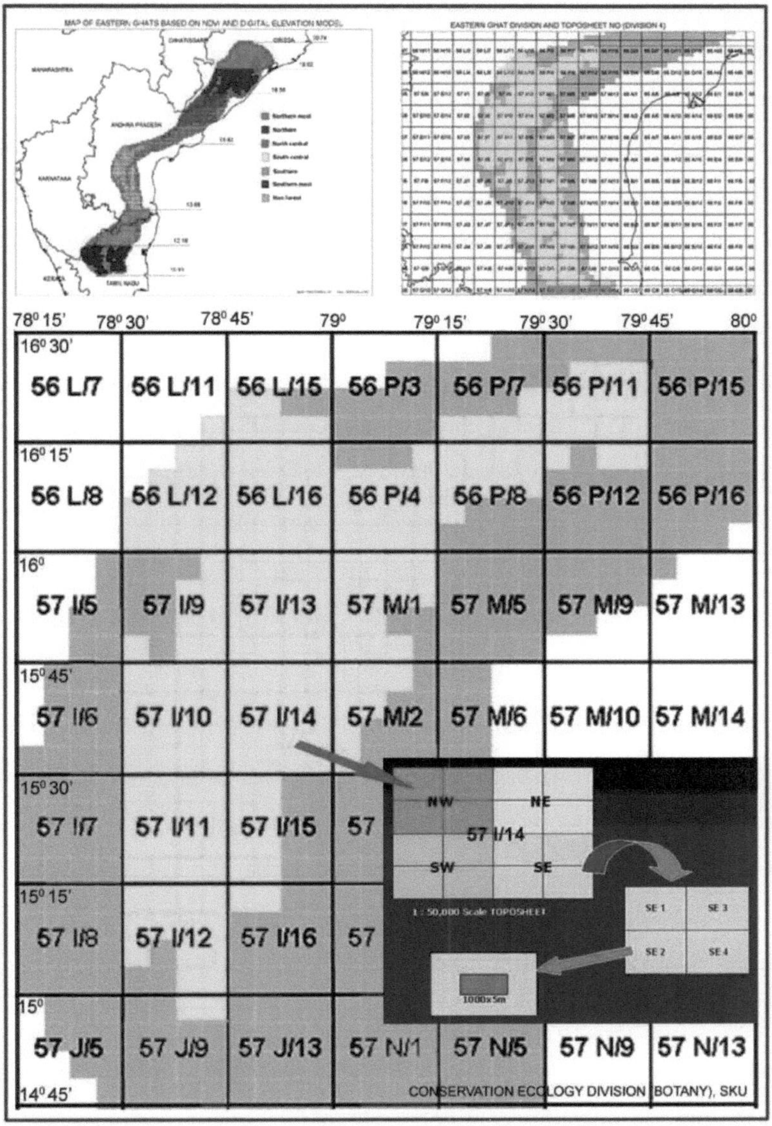

No presente estudo, a 'árvore' é referida a uma planta lenhosa que geralmente tem um único caule principal e uma copa mais ou menos definida. Nos casos em que a forma de crescimento não pode ser

determinada, a planta lenhosa com altura igual ou superior a 5 m na maturidade foi considerada como árvore.

Todos os taxa de árvores encontrados nas parcelas amostradas foram listados e os espécimes representativos de cada taxa foram recolhidos em quadruplicado em sacos de polietileno grossos bem atados. Os espécimes recolhidos foram transformados em herbário de acordo com Jain & Rao (1977). As plantas inteiras ou os ramos foram envenenados por imersão numa solução saturada de cloreto de mercúrio em álcool etílico e colocados imediatamente entre os papéis mata-borrão com a ajuda de uma pinça. Os mata-borrões, mantidos em prensas de ferro, foram mudados após 24 horas para serem espalhados corretamente. Estes espécimes foram mudados repetidamente para papéis de mata-borrão secos até todos os espécimes estarem completamente secos. Os espécimes envenenados, prensados e secos foram colados com cola (goma-arábica) numa folha de herbário padrão (42x28cm) e etiquetados. Apenas um espécime dos quadruplicados foi colado na folha, enquanto os restantes foram mantidos como stock.

Os espécimes foram examinados criticamente e identificados com a ajuda de floras-padrão e, em certos casos, confirmados por comparação com o material vegetal armazenado em herbários locais e nacionais. Todos os espécimes foram depositados no herbário da Universidade Sri Krishnadevaraya (SKU) em Anantapur. Foram registadas notas de campo relativas ao habitat, solo, altitude, tipo de vegetação, associados, etc.

Com a ajuda do GPS, todas as coordenadas geográficas foram registadas e as fotografias foram tiradas com a Nikon D70S.

As espécies arbóreas registadas nas unidades de amostragem de Nallamalais foram sistematicamente enumeradas de acordo com a classificação de Bentham & Hookers (1862-1883), com modificações segundo APG (2016). Os locais importantes e os nomes dos distritos foram abreviados. Todos os taxa foram tabulados em três grandes grupos de plantas: dicotiledóneas, monocotiledóneas e pteridófitas. Todos os taxa dentro da família foram ordenados alfabeticamente. As famílias com o número de géneros e espécies foram tabuladas. As famílias dominantes com géneros e espécies foram apresentadas em gráficos. As espécies arbóreas registadas são apresentadas com o seu número de registo, distribuição e natureza (perene, semi-perene ou caducifólia). Foi feita uma avaliação crítica dos novos registos de distribuição a diferentes níveis. Foi feita uma análise dos taxa endémicos a diferentes níveis encontrados em Nallamalais, que foram tabulados juntamente com a sua distribuição.

Os traços frutíferos das árvores foram distinguidos com base no tipo de fruto (Agregado, Baga, Cápsula, Cariopse, Drupa, Folículo, Monocarpo, Vagem, Recetáculo, Samara e Sincárpio), natureza carnuda ou seca e modo de dispersão (Anemocoria, Autocoria e Zoocoria), de acordo com Arthur & Parthasarathy (2006). Com a ajuda da população tribal local, foram identificadas as espécies arbóreas com importância económica e documentada a informação relevante sobre o valor de uso. As categorias de utilização das espécies arbóreas economicamente importantes foram aplicadas, modificadas segundo Prance *et al.* (1987) e Cook (1995). As categorias são comestíveis (tanto para humanos como para animais), madeira, medicinal, fibra, madeira para combustível e uso diverso. Foi feita uma tentativa de estudar os produtos florestais não lenhosos disponíveis na área de estudo.

ESTUDOS DE QUANTIFICAÇÃO DOS RECURSOS ARBÓREOS

Todas as espécies arbóreas foram analisadas em termos de abundância, densidade, frequência e área basal, utilizando metodologias padrão seguindo Curtis & Mclntosh (1950) e Mueller-Dombois & Ellenberg (1974). Estas são a base para determinar o índice de valor de importância e os índices de diversidade.

Total number of individuals in all sampling units

Abundance= --

Total number of sampling units in which species occur

Total number of individuals in all sampling units

Density = --

Total number of sampling units studied

Number of sampling units in which species occur

Frequency = --x100

Total number of sampling units

Área basal = $\pi d^2/4$. (Onde d = diâmetro)

A área basal das árvores individuais e dos caules múltiplos foi calculada separadamente. A densidade do tronco é calculada como o número de indivíduos por unidade de área.

Relação A/F (padrão de distribuição)

O padrão de distribuição das espécies é interpretado com base em Curtis & Cottam (1956). O padrão é determinado através do cálculo do rácio entre a abundância e a frequência (A/F). Assim, se o valor for <0,025, a dispersão da espécie é considerada regular; 0,025 a 0,05 para dispersão aleatória e >0,05 representa o padrão de dispersão contagioso.

Índice de Valor de Importância (IVI)

O IVI é calculado segundo Curits & Cottam (1956). É a soma dos valores relativos de dois ou três caracteres quantitativos quaisquer e é útil para determinar a espécie dominante numa comunidade. O valor máximo que o IVI pode atingir é 300, uma vez que são adicionadas três percentagens diferentes e cada uma pode atingir um valor máximo de 100. Os valores relativos e o IVI foram calculados utilizando as seguintes fórmulas:

$$\text{Relative Dominance} = \frac{\text{Basal area of the individual species}}{\text{Total basal area of all species}} \times 100$$

$$\text{Relative Density} = \frac{\text{Density value of a species}}{\text{Sum of density value of all species}} \times 100$$

$$\text{Relative frequency} = \frac{\text{Frequency value of a species}}{\text{Sum of frequency value of all species}} \times 100$$

IVI (população em crescimento) = Dominância relativa + Densidade relativa + Frequência relativa IVI (regeneração) = Densidade relativa + Frequência relativa

O índice do valor de importância da família é calculado com base em Mori *et al.*, (1983). Os valores relativos da família foram calculados como os valores relativos gerais acima referidos, substituindo as espécies por famílias.

FIV = Dominância relativa (f) +Densidade relativa (f) +Diversidade relativa (f)

Índice de dominância (Simpson, 1949)

É uma medida de dominância, uma vez que pondera as abundâncias das espécies mais comuns. É calculado através da fórmula:

$$D = \Sigma\ (ni/N)^2 \text{ ou } Pi^2$$

Índices de diversidade

Foram calculados os índices de diversidade das espécies, nomeadamente o índice de Shannon-Wiener (Shannon-Weiner, 1962) e o índice de uniformidade (Pielou, 1969, 1975).

O índice de Shannon-Wiener é uma medida do grau médio de "incerteza" na previsão da espécie a que pertencerá um indivíduo escolhido ao acaso de uma coleção de S espécies e N indivíduos. É estimado através da fórmula:

$$H' = -\Sigma\ (ni/N) \text{ Em } (ni/N)$$

Onde, ni = número de indivíduos pertencentes à i-ésima espécie

N = número total de indivíduos da amostra.

Os valores **do índice de uniformidade** variam entre 0 e 1, sendo que 1 representa uma situação em que todas as espécies são igualmente abundantes.

$$E = H'/H_{max} \text{ Ou } H'/\ln S$$

Medida do perímetro

No transecto de cintura, todas as espécies arbóreas com ≥30cm de perímetro a uma altura de 1,37m (gbh) do solo foram medidas com uma fita métrica e a sua altura foi estimada por estimativas oculares, enquanto os caules ≥10 a <30cm gbh foram registados. No caso de árvores com vários troncos, os perímetros dos troncos foram medidos separadamente; a área basal foi calculada para cada tronco.

Análise da distribuição das classes de perímetro

Com base no perímetro registado à altura do peito (gbh), ou seja, a 1,37 m do solo, foi calculada a distribuição de frequência das várias classes de perímetro das espécies de árvores. Todas as espécies de árvores foram categorizadas em relação às nove classes de perímetro viz., 10-29, 30-59, 60-89, 90-119, 120149, 150-179, 180-209, 210-239 e >240cm.

Estratificação vertical das espécies arbóreas

O povoamento florestal é categorizado em andar superior (>17m), andar médio (9-16m) e andar inferior (5-8m), também analisados para a área de estudo (Mehr-Homji, 2001).

ASPECTOS DE CONSERVAÇÃO

Estado de regeneração das espécies arbóreas de Nallamalais

Foi avaliado o impacto da interferência biótica no estado de regeneração de Nallamalais. Todos os regenerados foram agrupados nas seguintes classes para análise posterior: 0-40cm de altura -Classe I; 41100cm de altura -Classe II; >100cm de altura ou <10cm gbh -Classe III; >100cm de altura ou 10-30cm gbh -Classe IV.

Ameaças aos recursos vegetais e índice de perturbação

Foram recolhidos dados sobre seis parâmetros de perturbação: 1) corte de árvores 2) corte de caules 3) remoção de solo 4) pastoreio 5) ervas daninhas e 6) incidência de fogo. Cada um dos parâmetros foi calculado com base nas pontuações de perturbação (ausente-0, baixo-1, médio-2, alto-3). Com base nos resultados globais, a área de estudo, composta por 175 grelhas, foi classificada em três categorias principais, nomeadamente grelhas não perturbadas (pontuação 1-6), moderadamente perturbadas (pontuação 7-12) e altamente perturbadas (pontuação 13-18). O Índice de Perturbação Cumulativa (CDI) foi calculado de acordo com Boraiah *et al.* (2001). A relação entre a riqueza de espécies, a densidade e a área basal com as pontuações de perturbação acumulada foi analisada através da correlação de Spearman (Zar, 1999).

Árvores ameaçadas

Após uma leitura exaustiva da literatura, as espécies arbóreas foram avaliadas quanto ao seu estatuto de ameaça em Nallamalais com base na literatura e em observações de campo. Foram tabuladas as várias categorias de taxa ameaçados que ocorrem em Nallamalais. Para além dos taxa ameaçados registados, os taxa significativos sob diferentes ameaças ao nível dos Ghats Orientais do Sul foram também analisados de acordo com a última versão (3.1) das categorias de ameaça da IUCN: Criticamente em perigo (CR), Em perigo (E) e Vulnerável (V).

Estratégias de conservação

Foi feita uma tentativa de identificar as áreas prioritárias para a conservação dos recursos arbóreos. Com base na elevação, nas espécies endémicas, ameaçadas e na riqueza de espécies, foi calculado o Índice de Prioridade de Conservação (IPC). O IPC é um valor cumulativo de pontuações para todos estes atributos. As grelhas são priorizadas com base nos valores do IPC. Os valores médios são considerados para efeitos de elevação. Foram propostas estratégias para a conservação efectiva dos recursos vegetais em Nallamalais.

ABREVIATURAS E ACRÓNIMOS

GNT	:	Guntur
KNL	:	Kurnool
MBNR	:	Mahaboob Nagar
NL	:	Nallamalais
PKSM	:	Prakasam
SEG	:	Southern Eastern Ghats
ca	:	*Circa*; about
cm	:	Centimetre
ed. (s)	:	editor(s), edition
et al.	:	*et aliorum*; and others
etc.	:	*et cetera*; and others things
ex	:	Published by
excl.	:	*exclusus*; excluding
f.	:	*filius*; Son
Fig.	:	Figure
m	:	Meter
mm	:	Millimeter
No.	:	Number
Pl.	:	Plate
RF	:	Reserved Forest
sp.	:	Species
spp.	:	Species (plural)
ssp.	:	Subspecies
Suppl.	:	Supplement
var.	:	Variety
Viz.	:	Videlicet; namely
Vol.(s)	:	Volume(s)
Vs.	:	Versus

CAPÍTULO 5. INVENTÁRIO DAS ÁRVORES DE NALLAMALAIS

Análise Florística

Um total de **249 taxa arbóreos**, incluindo **246 espécies** e 3 taxa infra-específicos pertencentes a **146 géneros** e **54 famílias, foram** registados em 175 grelhas de amostragem de Nallamalais. Dos 249 taxa, nove espécies - *Acacia auriculiformis, Ceiba pentandra, Gliricidia sepium, Artocarpus heterophyllus, Cascabella thevetia, Couroupita guianensis, Eucalyptus camadulensis, Eucalyptus globulus* e *Tecoma stans* - foram encontradas introduzidas, plantadas ou em cultivo. O resumo dos resultados categóricos é apresentado a seguir.

. Não.	Grupo	Famílias	Géneros	Taxa	Espécies
1	Dicotiledóneas	51	140	243	240
2	Monocotiledóneas	2	5	5	5
3	Pteridófita	1	1	1	1
	Total	**54**	**146**	**249**	**246**

A partir do quadro, é evidente que mais de 98,6% das espécies de árvores são dicotiledóneas (ou seja, 240 espécies pertencentes a 140 géneros e 51 famílias), monocotiledóneas (5 espécies) e pteridófitas (uma única espécie). O nome correto com a citação do autor, juntamente com sinónimos/basionímias, se existirem, a natureza sazonal e a sua distribuição em Nallamalais de todas as árvores registadas nas grelhas de amostragem são apresentados no **Quadro-1.** Todas estão organizadas de acordo com o sistema de classificação de Bentham e Hooker, tendo em conta modificações recentes. As fotografias dos diferentes tipos de vegetação observados nas grelhas de amostragem e das espécies de árvores seleccionadas são apresentadas nas **Placas.**

QUADRO 1: ÁRVORES DE NALLAMALAIS

Nome do táxon / família	Natureza	Distribuir.	Tipo de fruto	Polpa de frutos	M D
Abreviaturas **Natureza: D-decídua; SE-semi-verde; E-verde** **MD-Modo de dispersão: An-Anemocoria; Au-Autocoria; Z-Zoocoria**					
DILLENIACEAE					
Dillenia pentagyna Roxb.	D	Raro	Drupa	Carnuda	Z
ANNONACEAE					
Annona squamosa L.	D	Comum	Syncarp	Carnuda	Z
Miliusa tomentosa (Roxb.) Sinclair	D	Ocasional	Monocarpo	Carnuda	Z
Polyalthia cerasoides (Roxb.) Beddome	SE	Comum	Monocarpo	Carnuda	Z
Polyalthia suberosa (Roxb.) Thwaites	E	Raro	Monocarpo	Carnuda	Z
CAPPARACEAE					
Capparis divaricata Lam.	D	Comum	Baga	Carnuda	Z
Capparis grandis L.f.	D	Comum	Baga	Carnuda	Z
Crateva magna (Lour.) DC.	D	Raro	Baga	Carnuda	Z
Maerua apetala (Roth) Jocobs	D	Ocasional	Baga	Carnuda	Z
COCHLOSPERMACEAE					
Cochlospermum religiosum (L.) Alston	D	Comum	Cápsula	Seco	Um
FLACOUTIACEAE					
Casearia graveolens Dalz.	D	Raro	Cápsula	Seco	Au
Casearia tomentosa Roxb. (= *C. elliptica* Willd.)	D	Raro	Cápsula	Seco	Au
Flacourtia ramontchi L. (= *F. indica* (Burm.f.) Merr.)	D	Ocasional	Drupa	Carnuda	Au
PITTOSPORACEAE					Au
Pittosporum napaulense (DC.) Rehder & Wilson	E	Raro	Cápsula	Seco	Au
DIPTEROCARPÁCEAS					
Shorea roxburghii G.Don	D	Raro	Samara	Seco	Um
MALVACEAE					
Hibiscus platanifolius (Willd.) Sweet	D	Ocasional	Cápsula	Seco	Um
Kydia calycina Roxb.	D	Comum	Cápsula	Seco	Um
BOMBACAEAE					Um
Bombax ceiba L.	D	Ocasional	Cápsula	Seco	Um
Ceiba pentandra (L.) Gaertn.	D	Ocasional	Cápsula	Seco	Um
STERCULIACEAE					
Eriolaena hookeriana Wight & Arn.	D	Ocasional	Cápsula	Seco	Um
Eriolaena lushingtonii Dunn	D	Raro	Cápsula	Seco	Um

Firmiana colorata (Roxb.) R. Br.	D	Ocasional	Folículo	Seco	Au
Pterospermum canescens Roxb.	E	Raro	Cápsula	Seco	Au
Pterospermum xylocarpum (Gaertner) Sant.& Wagh	E	Comum	Cápsula	Seco	Au
Sterculia urens Roxb.	D	Comum	Cápsula	Seco	Au
Sterculia villosa Roxb. ex DC.	D	Raro	Cápsula	Seco	Au
TILIACEAE					
Grewia abutilifolia Vent. ex Juss.	D	Raro	Drupa	Carnuda	Z
Grewia bracteata Roth	D	Raro	Drupa	Carnuda	Z
Grewia damine Gaertner	D	Comum	Drupa	Carnuda	Z
Grewia flavescens Juss.	D	Comum	Drupa	Carnuda	Z
Grewia tiliaefolia Vahl	D	Comum	Drupa	Carnuda	Z
ERITROXILÁCEAS					Z
Erythroxylum monogynum Roxb.	E	Comum	Drupa	Carnuda	Z
RUTACEAE					
Aegle marmelos (L.) Correa	D	Ocasional	Baga	Carnuda	Z
Atalantia monophylla (L.) Correa	D	Comum	Baga	Carnuda	Z
Citrus sinensis (L.) Osbeck	E	Raro	Baga	Carnuda	Z
Glycosmis pentaphylla (Retz.) DC.	E	Ocasional	Baga	Carnuda	Z
Limonia acidissima L.	D	Comum	Baga	Carnuda	Z
Murraya koenigii (L.) Sprengel	D	Ocasional	Baga	Carnuda	Z
Naringi alata (Wall. ex Wight & Arn.) Ellis	D	Comum	Baga	Carnuda	Z
Naringi crenulata (Roxb.) Nicolson	D	Comum	Baga	Carnuda	Z
SIMAROUBACEAE					
Ailanthus excelsa Roxb.	D	Raro	Samara	Seco	Au
BALANITACEAE					
Balanites aegyptiaca (L.) Del.	D	Raro	Drupa	Seco	Au
OCHNACEAE					
Ochna obtusata DC. var. *gamblei* (King ex Brandis) Kanis (= *O. gamblei* King ex Brandis)	D	Comum	Drupa	Seco	Au
Ochna obtusata DC. var. *obtusata* Kanis	D	Comum	Drupa	Seco	Au
BURSERACEAE					
Boswellia ovalifoliolata Balakr. & Henry	D	Raro	Drupa	Seco	Au
Boswellia serrata Roxb. ex Colebr.	D	Comum	Drupa	Seco	Au
Commiphora caudata (Wight & Arn.) Engler	D	Comum	Drupa	Carnuda	Z
Garuga pinnata Roxb.	D	Ocasional	Drupa	Carnuda	Z
MELIACEAE					Z
Aglaia elaeagnoidea (Juss.) Benth. var. *beddomei* (Gamble) K.K.N. Nair	E	Raro	Baga	Carnuda	Z

Azadirachta indica A. Juss.	SE	Ocasional	Drupa	Carnuda	Z
Chukrasia tabularis A. Juss.	D	Raro	Cápsula	Seco	Z
Cipadessa baccifera (Roth) Miq.	D	Ocasional	Baga	Seco	Z
Melia azedarach L.	D	Ocasional	Drupa	Carnuda	Z
Melia dubia Cav.	D	Ocasional	Drupa	Carnuda	Z
Soymida febrífuga (Roxb.) A. Juss.	D	Comum	Cápsula	Seco	Um
Walsura trifolia (A. Juss.) Harms	E	Ocasional	Baga	Seco	Au
FLINDERSIACEAE					
Chloroxylon swietenia DC.	D	Comum	Cápsula	Seco	Au
OLACACEAE					
Ximenia americana L.	D	Comum	Baga	Carnuda	Z
CELASTRACEAE					
Cassine glauca (Rottb.) Kuntze	E	Ocasional	Drupa	Seco	Au
Pleurostylia opposita (Wall.) Alston	SE	Raro	Drupa	Seco	Au
RHAMNACEAE					
Ziziphusglabrata Heyne ex Roth	D	Raro	Drupa	Carnuda	Z
Ziziphus mauritiana Lam. var. *mauritiana*	D	Comum	Drupa	Carnuda	Z
Ziziphus xylopyrus (Retz.) Willd.	D	Comum	Drupa	Carnuda	Z
VITACEAE					
Cissus vitiginea L.	D	Comum	Drupa	Seco	Au
SAPINDACEAE					
Allophyllus cobbe (L.) Raeusch. (= *A. serratus* (Roxb.) Kurz.)	D	Ocasional	Drupa	Seco	Au
Lepisanthes tetraphylla (Vahl) Radlk.	E	Ocasional	Drupa	Seco	Au
Sapindus emarginatus Vahl	D	Comum	Drupa	Seco	Au
Schleichera oleosa (Lour.) Oken	D	Ocasional	Drupa	Seco	Au
ANACARDIACEAE					
Buchanania axillaris (Desr.) Ramam.	D	Comum	Drupa	Seco	Z
Buchanania lanzan Sprengel	E	Ocasional	Drupa	Seco	Z
Lannea coromandelica (Houtt.) Merr.	D	Comum	Drupa	Seco	Z
Mangifera indica L.	E	Comum	Drupa	Carnuda	Z
Semecarpus anacardium L. f.	E	Ocasional	Drupa	Seco	Au
MORINGACEAE					
Moringa concanensis Nimmo ex Gibs.	D	Ocasional	Cápsula	Seco	Um
FABACEAE-CAESALPINIOIDEAE					
Bauhinia malabarica Roxb.	D	Ocasional	Pod	Seco	Au
Bauhinia purpurea L.	D	Ocasional	Pod	Seco	Au
Bauhinia racemosa Lam.	D	Comum	Pod	Seco	Au
Bauhinia tomentosa L.	D	Raro	Pod	Seco	Au
Cassia fistula L.	D	Comum	Pod	Seco	Au

Hardwickia binata Roxb.	D	Comum	Pod	Seco	Um
Parkinsonia aculeata L.	D	Ocasional	Pod	Seco	Z
Saraca asoca (Roxb.) de Wilde	E	Raro	Pod	Seco	Au
Senna siamea (Lam.) Irwin & Barneby (= *Cassia siamea* Lam.)	D	Comum	Pod	Seco	Au
Senna surattensis (Burm.f.) Irwin & Barneby *(=Cassia surattensis* Burm. f.)	D	Raro	Pod	Seco	Au
Tamarindus indica L.	E	Comum	Pod	Carnuda	Z
FABACEAE-FABOIDEAE					
Butea monosperma (Lam.) Taubert	D	Raro	Pod	Seco	Au
Dalbergia lanceolaria L. f.	D	Comum	Pod	Seco	Um
Dalbergia latifolia Roxb.	D	Ocasional	Pod	Seco	Um
Dalbergia paniculata Roxb.	D	Comum	Pod	Seco	Um
Dalbergia sissoo Roxb.	D	Ocasional	Pod	Seco	Um
Desmodium oojeinense (Roxb.) H. Ohashi (= *Ougeinia oojeinensis* (Roxb.) Hochr.)	D	Raro	Pod	Seco	Au
Erythrina stricta Roxb.	D	Comum	Pod	Seco	Au
Erythrina suberosa Roxb.	D	raro	Pod	Seco	Au
Gliricidia sepium (Jacq.) Kunth ex Walp.	D	Ocasional	Pod	Seco	Au
Mundulea sericea (Willd.) A. Cheval	D	Comum	Pod	Seco	Au
Pongamia pinnata (L.) Pierre	E	Comum	Pod	Seco	Au
Pterocarpus marsupium Roxb.	D	Comum	Pod	Seco	Um
Pterocarpus santalinus L. f.	D	Raro	Pod	Seco	Um
FABACEAE-MIMOSOIDEAE					
Acacia auriculiformis A. Cunn. ex. Benth.	D	Ocasional	Pod	Seco	Au
Acacia catechu (L.f.) Willd. (= *A. chundra* (L.f.) Willd.)	D	Comum	Pod	Seco	Au
Acacia ferruqinea DC.	D	Raro	Pod	Seco	Au
Acacia leucophloea (Roxb.) Willd.	D	Comum	Pod	Seco	Z
Acacia nilotica (L.) Willd. ex Del. ssp. *indica* (Benth.) Brenan	E	Ocasional	Pod	Seco	Z
Acacia polyacantha Willd.	D	Raro	Pod	Seco	Z
Albizia amara (Roxb.) Boivin	D	Comum	Pod	Seco	Au
Albizia chinensis (Osbeck) Merr.	D	Raro	Pod	Seco	Au
Albizia lebbeck (L.) Willd.	D	Comum	Pod	Seco	Au
Albizia odoratissima (L. f.) Benth.	E	Comum	Pod	Seco	Au
Albizia procera (Roxb.) Benth.	D	Raro	Pod	Seco	Au
Albizia thompsonii Brandis	D	Raro	Pod	Seco	Au
Prosopis chilensis (Molina) Stuntz.	D	Comum	Pod	Seco	Z
Prosopis cineraria (L.) Druce (= *P. spiciqera* L.)	D	Ocasional	Pod	Seco	Z
COMBRETACEAE					

Anoqeissus acuminata (Roxb. ex DC.) Guill. & Perr.	D	Raro	Drupa	Seco	Um
Anoqeissus latifolia (Roxb.ex DC.) Wall.ex Guill. & Perr.	D	Comum	Drupa	Seco	Um
Terminalia alata Heyne ex Roth	D	Comum	Drupa	Seco	Au
Terminalia arjuna (Roxb.ex DC.) Wight & Arn.	E	Comum	Drupa	Seco	Au
Terminalia bellirica (Gaertn.) Roxb.	D	Comum	Drupa	Seco	Au
Terminalia chebula Retz.	D	Comum	Drupa	Seco	Au
Terminalia coriacea (Roxb.) Wight & Arn.	D	Raro	Drupa	Seco	Au
Terminalia pallida Brandis	D	Raro	Drupa	Seco	Au
MYRTACEAE					
Eucalyptus camadulensis Dehn.	E	Ocasional	Cápsula	Seco	Um
Eucalyptus globulus Labill.	E	Ocasional	Cápsula	Seco	Um
Syzyqium alternifolium (Wight) Walp.	D	Raro	Baga	Carnuda	Z
Syzyqium cumini (L.) Skeels	E	Ocasional	Baga	Carnuda	Z
LECYTHIDACEAE					
Careya arborea Roxb.	D	Comum em todo o lado	Baga	Carnuda	Z
Couroupita quianensis Aublet	D	Raro	Agregado	Carnuda	Z
MELASTOMATACEAE					
Memecylon edule Roxb.	E	Raro	Baga	Carnuda	Z
Memecylon umbellatum Burm.f.	D	Comum	Baga	Carnuda	Z
LYTHRACEAE					
Laqerstroemia parviflora Roxb.	D	Comum	Cápsula	Seco	Au
ALANGIACEAE					
Alanqium salvifolium (L.f.) Wangerin ssp. *salvifolium*	D	Comum	Baga	Seco	Au
RUBIACEAE					
Canthium dicoccum (Gaertner) Teijsm. & Binn.	D	Comum	Drupa	Seco	Au
Ceriscoides turqida (Roxb.) Tirveng.	D	Ocasional	Baga	Carnuda	Z
Deccania pubescens (Roth) Tirveng. var. *pubescens*	D	Comum	Baga	Seco	Au
Deccania pubescens (Roth) Tirveng. var. *candolleana* (Wight & Arn.) Tirveng.	D	Comum	Baga	Seco	Au
Gardenia gummifera L.f.	D	Comum	Baga	Carnuda	Z
Gardenia latifolia Ait.	D	Comum	Baga	Carnuda	Z
Gardenia resinífera Roth	D	Comum	Baga	Carnuda	Z
Haldinia cordifolia (Roxb.) Ridsd. *(=Adina cordifolia* (Roxb.) Hook.f. ex Brandis)	D	Comum	Cápsula	Seco	Au
Hymenodictyon orixense (Roxb.) Mabb.	D	Comum	Cápsula	Seco	Au
Ixora pavetta Andrews (=I. *arborea*	D	Comum	Drupa	Seco	Au

Roxb.ex Smith)					
Meyna spinosa Roxb. ex Link	D	Raro	Drupa	Seco	Au
Mitragyna parvifolia (Roxb.) Korth.	D	Comum	Cápsula	Seco	Au
Morinda angustifolia Roxb.	D	Ocasional	Baga	Carnuda	Z
Morinda pubescens J.E. Smith	D	Comum	Baga	Carnuda	Z
Pavetta indica L.	D	Comum	Baga	Seco	Au
Pavetta tomentosa Roxb. ex Smith	D	Ocasional	Baga	Seco	Au
Tamilnadia uliginosa (Retz.) Tirveng. & Sastre	D	Raro	Baga	Carnuda	Au
Wendlandia bicuspidata Wight & Arn.	D	Raro	Cápsula	Seco	Au
Wendlandia gamblei Cowan	D	Raro	Cápsula	Seco	Au
Wendlandia glabrata DC.	E	Raro	Cápsula	Seco	Au
Wendlandia heynei (Roemer & Schultes) Santapau & Merchant	D	Raro	Cápsula	Seco	Au
Wendlandia tinctoria (Roxb.) DC.	E	Comum	Cápsula	Seco	Au
SAPOTACEAE					
Madhuca indica J. Gmelin	D	Comum	Baga	Carnuda	Z
Manilkara hexandra (Roxb.) Dubard	E	Comum	Baga	Carnuda	Z
Manilkara roxburghiana (Wight) Dubard	E	Raro	Baga	Carnuda	Z
EBENACEAE					
Diospyros chloroxylon Roxb.	E	Comum	Baga	Carnuda	Z
Diospyros melanoxylon Roxb.	D	Comum	Baga	Carnuda	Z
Maba buxifolia (Rottb.) A.L. Juss.	D	Comum	Baga	Carnuda	Z
OLEACEAE					
Chionanthus macrophylla Blume (= *C. ramiflora)*	E	Raro	Drupa	Carnuda	Z
Schrebera swietenioides Roxb.	D	Comum	Cápsula	Seco	Au
NYCTAGINACEAE					
Nyctanthes arbor-tristis L.	D	Comum	Cápsula	Seco	Um
APOCYNACEAE					
Cascabela thevetia (L.) Lippold (= *Thevitia peruviana* (Pers.) Merr.)	E	Ocasional	Drupa	Seco	Um
Holarrhena pubescens (Buch.- Ham.) Wall. ex G.Don	D	Comum	Folículo	Seco	Um
Wrightia arborea (Dennst.) Mabb.	D	Comum	Folículo	Seco	Um
Wrightia tinctoria R. Br.	D	Comum	Folículo	Seco	Um
LOGANIACEAE					
Strychnos nux-vomica L.	D	Comum	Baga	Carnuda	Au
Strychnos potatorum L.f.	D	Comum	Baga	Carnuda	Au
CORDIACEAE					
Cordia dichotoma Forst. f.	D	Ocasional	Drupa	Carnuda	Z

Cordia evolutior (C.B. Clarke) Gamble	D	Ocasional	Drupa	Carnuda	Z
Cordia gharaf (Forssk.) Ehrenb.	D	Ocasional	Drupa	Carnuda	Z
Cordia macleodii Hook.f. & Thomson	D	Ocasional	Drupa	Carnuda	Z
Cordia monoica Roxb.	D	Ocasional	Drupa	Carnuda	Z
Cordia wallichii G.Don.	D	Ocasional	Drupa	Carnuda	Z
Ehretia aspera Willd.	D	Ocasional	Drupa	Carnuda	Z
Ehretia laevis Roxb.	D	Ocasional	Drupa	Carnuda	Z
Ehretia pubescens Benth.	D	Ocasional	Drupa	Carnuda	Z
BIGNONIACEAE					
Dolichandrone arcuata (Wight) Clarke	D	Raro	Cápsula	Seco	Um
Dolichandrone atrovirens (Roth) Sprague	D	Comum	Cápsula	Seco	Um
Dolichandrone falcata (Wall.ex DC.) Seem. var. *falcata*	D	Ocasional	Cápsula	Seco	Um
Dolichandrone falcata Seem. var. *lawii* (Seem) Haines	D	Ocasional	Cápsula	Seco	Um
Oroxylum indicum (L.) Vent.	D	Raro	Cápsula	Seco	Um
Radermachera xylocarpa (Roxb.) Schum.	D	Raro	Cápsula	Seco	Um
Stereospermum personatum (Hassk.) Chatterjee	D	Ocasional	Cápsula	Seco	Um
Stereospermum suaveolens (Roxb.) DC.	D	Raro	Cápsula	Seco	Um
Tecoma stans (L.) Kunth	D	Ocasional	Cápsula	Seco	Um
VERBNACEAE					Um
Gmelina arborea Roxb.	D	Comum	Drupa	Seco	Um
Premna latifolia Roxb. var. *mollissima* (Roth) Hook.f.	D	Comum	Drupa	Seco	Um
Premna tomentosa Willd.	D	Ocasional	Drupa	Seco	Au
Tectona grandis L. f.	D	Comum	Drupa	Seco	Au
Vitex altissima L. f.	D	Comum	Drupa	Seco	Au
Vitex leucoxylon L. f.	D	Comum	Drupa	Carnuda	Au
Vitex peduncularis Wall. ex Schauer	D	Ocasional	Drupa	Seco	Au
Vitex pinnata L.	D	Ocasional	Drupa	Seco	Au
LAURACEAE					
Litsea glutinosa (Lour.) C.B. Robinson	E	Ocasional	Baga	Seco	Au
HERNANDIACEAE					
Gyrocarpus americanus Jacq.	D	Comum	Drupa	Seco	Um
SANTALACEAE					
Santalum album L.	E	Raro	Drupa	Carnuda	Z
EUPHORBIACEAE					
Antidesma ghaesembilla Gaertner	D	Raro	Drupa	Seco	Au
Antidesma zeylanicum Lamk.	D	Raro	Drupa	Seco	Au
Bridelia airy-shawii P.J. Li (= *B. retusa* (L.)	D	Comum	Drupa	Carnuda	Au

Spreng.)					
Bridelia cinerascens Gehrm.	D	Comum	Drupa	Carnuda	Au
Bridelia crenulata Roxb.	D	Ocasional	Drupa	Carnuda	Au
Cleistanthus collinus (Roxb.) Hook.f.	D	Comum	Cápsula	Seco	Au
Cleistanthus patulus (Roxb.) Muell.- Arg.	E	Raro	Cápsula	Seco	Au
Drypetes roxburghii (Wall.) Hurusawa	E	Raro	Drupa	Seco	Au
Drypetes sepiaria (Wight & Arn.) Pax & Hoffm.	E	Comum	Drupa	Seco	Au
Euphorbia antiquorum L.	E	Comum	Cápsula	Seco	Au
Euphorbia ligularia Roxb.	E	Ocasional	Cápsula	Seco	Au
Euphorbia nivulia Buch.-Ham.	D	Comum	Cápsula	Seco	Au
Euphorbia tortillis Rottler ex Ainslie	E	Ocasional	Cápsula	Seco	Au
Givotia moluccana (L.) Sreemadh.	D	Comum	Drupa	Carnuda	Au
Glochidion tomentosum Dalz.	E	Raro	Drupa	Seco	Au
Glochidion velutinum Wight	E	Raro	Drupa	Seco	Au
Glochidion zeylanicum (Gaertner) Juss.	E	Raro	Drupa	Seco	Au
Jatropha curcas L.	D	Ocasional	Cápsula	Seco	Au
Macaranga peltata (Roxb.) Muell - Arg.	E	Raro	Cápsula	Seco	Au
Mallotus philippensis (Lam.) Muell.- Arg.	E	Raro	Cápsula	Seco	Au
Mallotus rhamnifolius Muell.-Arg.	D	Ocasional	Cápsula	Seco	Au
Phyllanthus emblica L.	D	Comum	Drupa	Carnuda	Au
Phyllanthus indofischeri Bennet	D	Raro	Drupa	Carnuda	Au
Phyllanthus polyphyllus Willd.	D	Comum	Cápsula	Seco	Au
Sapium insigne (Royle) Trimen	D	Ocasional	Cápsula	Seco	Au
Suregada angustifolia (Baillon ex Muell.-Arg.) Airy Shaw	E	Comum	Cápsula	Seco	Au
Suregada multiflora (Juss.) Baillon	E	Raro	Cápsula	Seco	Au
ULMACEAE					
Celtis philippensis Blanco	E	Ocasional	Drupa	Seco	Au
Celtis timorensis Spanoghe	E	Raro	Drupa	Seco	Au
Holoptelea integrifolia (Roxb.) Planchon	D	Comum	Samara	Seco	Au
Trema orientalis (L.) Blume	E	Comum	Drupa	Seco	Au
MORACEAE					
Artocarpus heterophyllus Lam. (= *A. integrifolia)*	E	Ocasional	Agregado	Carnuda	Z
Ficus amplissima Smith	D	Ocasional	Todos são Receptáculos	Carnuda	Z
Ficus arnottiana (Miq.) Miq.	D	Ocasional		Carnuda	Z
Ficus benghalensis L.	E	Ocasional		Carnuda	Z
Ficus hispida L.f.	D	Comum		Carnuda	Z
Ficus microcarpa L.f. (= *F. retusa)*	D	Ocasional		Carnuda	Z
Ficus mollis Vahl	E	Comum		Carnuda	Z

Ficus racemosa L.	D	Ocasional		Carnuda	Z
Ficus religiosa L.	D	Ocasional		Carnuda	Z
Ficus rumphii Blume	E	Ocasional		Carnuda	Z
Ficus talboti Rei	E	Ocasional		Carnuda	Z
Ficus tinctoria Forster.f.	E	Ocasional		Carnuda	Z
Ficus tsjahela Rheede ex Burm.f.	D	Raro		Carnuda	Z
Ficus virens Ait.	D	Ocasional		Carnuda	Z
Streblus asper Lour.	E	Raro	Baga	Seco	Au
Streblus taxoides (Roth) Kurz.	E	Raro	Drupa	Seco	Au
ARECACEAE					
Borassus flabellifer L.	E	Ocasional	Drupa	Carnuda	Z
Caryota urens L.	E	Raro	Baga	Carnuda	Au
Phoenix sylvestris (L.) Roxb.	E	Comum	Drupa	Carnuda	Z
POACEAE					
Bambusa arundinacea (Retz.)Roxb.	D	Comum	Cariopse	Seco	Au
Dendrocalamus strictus (Roxb.)Nees	D	Comum	Cariopse	Seco	Au
CYATHEACEAE					
Cyathea spinulosa Hook.	E	Raro	Esporos		-
* Taxa registados observados sem recolha de espécimes					

Trabalho atual em relação a trabalhos anteriores sobre os recursos arbóreos de Nallamalais

Uma análise exaustiva da literatura sobre a flora de Nallamalais (Ellis, 1987; Raju e Pullaiah, 1995; Pullaiah & Karuppusamy, 2008; Pullaiah & Muralidhara Rao, 2002; Pullaiah & Sri Ramamurthy, 2000; Pullaiah *et al,* 2007; Sunita, 2002; Shali Saheb, 2008; Sudhakar Reddy *et al.,* 2008) revelou a ocorrência de 249 taxa de árvores em Nallamalais. Destes, 207 foram recuperados das grelhas de amostragem no presente estudo, representando 83,13%. Trinta e quatro espécies de árvores selvagens foram registadas como novos registos de distribuição no presente trabalho. Os recursos arbóreos de Nallamalais obtidos através do método de amostragem representam 47% do total de taxa arbóreos encontrados no Estado de Andhra Pradesh.

Sazonalidade das árvores

Dos 249 taxa de árvores, 74% das árvores são de folha caduca, sendo as mais comuns *Anogeissus latifolia, Chloroxylon swietenia, Cochlospermum religiosum, Dolicandrone atrovirens, Givotia moluccana, Gmelina arborea, Holarrhena pubescens, Lannea coromandelica, Soymida febrifuga*, etc. As árvores com carácter perene ocupam 24%, incluindo *Aglaia elaegnoidea* var. *beddomei, Buchanania lanzan, Chionanthus macrophylla, Glochidion zeylanicum, Lepisanthes tetraphylla, Macaranga peltata, Mangifera indica, Manilkara roxburghiana, Saraca asoca, Semecarpus anacardium, Suregada angustifolia, Tamarindus indica* e *Terminalia arjuna.Apenas* 2% das árvores são de natureza semi-perene, incluindo *Azadirachta indica* e *Polyalthia cerasoides.*

Análise de famílias e géneros

Todos os 249 taxa arbóreos pertencem a 54 famílias (**Tabela-1**). Destas, 19 são monotípicas, representadas por apenas uma espécie: Alangiaceae, Balanitaceae, Cochlospermaceae, Cyatheaceae, Dilleniaceae, Dipterocarpaceae, Erythroxylaceae, Flindersiaceae, Hernandiaceae, Lauraceae, Lythraceae, Moringaceae, Nyctaginaceae, Ochnaceae, Olacaceae, Pittosporaceae, Santalaceae, Simaroubaceae e Vitaceae. Oito famílias estão representadas com duas espécies: Melastomataceae, Celastraceae, Lecythidaceae, Malvaceae, Oleaceae, Poaceae, Loganiaceae e Bombacaeae.

As 12 principais famílias dominantes são : Euphorbiaceae com 27 espécies arbóreas pertencentes a 13 géneros (11%), seguida de Rubiaceae 21 espécies (8,4%) de 13 géneros, Moraceae 16 espécies (6,4%) de 3 géneros, Fabaceae-Mimosoideae 14 espécies (5,6%) de 3 géneros, Fabaceae 13 espécies (5.2%) de 8 géneros, Fabaceae-Caesalpinioideae 11 espécies (4,4%) de 6 géneros, Cordiaceae 9 espécies (3,6%) de 2 géneros e Bignoniaceae, Combretaceae, Meliaceae, Rutaceae, Verbenaceae com 8 espécies cada (3,2%).

Novos registos de distribuição

Um total de **34 espécies selvagens e naturalizadas** foram encontradas como novos registos de distribuição para a área de estudo **(Quadro 2)** depois de Ellis (1987-90), Raju e Pullaiah (1995), Pullaiah & Chennaiah (1997), Pullaiah & Ali Moulali (1997), Pullaiah (1997), Sunitha (2002) e Shali Saheb (2008). Destas, 12 espécies são adições aos Ghats Orientais do Sul de Andhra Pradesh, incluindo *Anogeissus acuminata, Desmodium oojeinense, Meyna spinosa, Polyalthia suberosa, Saraca asoca, Suregada multiflora, Wendlandia gamblei* e *W. heynei.*

Estratificação vertical da floresta - copa das árvores

Todas as 249 espécies registadas em Nallamalais apresentam diferentes classes de altura, que vão de 5m a >30m de altura. Apenas seis espécies, nomeadamente *Terminalia bellirica, Mangifera indica, Albizia lebbeck, Holoptelea integrifolia, Terminalia arjuna* e *Bombax ceiba,* se encontram a crescer >30m de altura; 36 espécies são observadas na classe de altura 2130m (0,36%); 153 espécies estão a 11-20m de altura (12,24%), 239 espécies encontram-se na gama de 5-10m.

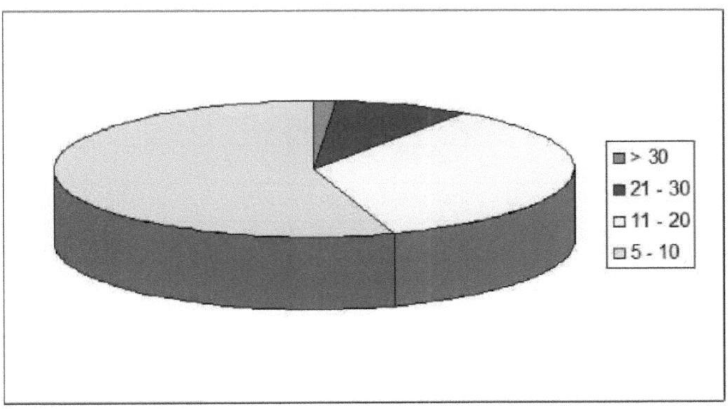

QUADRO 2: NOVOS REGISTOS DE DISTRIBUIÇÃO

S. Não.	Nome do táxon	Distribuição em Nallamalais	Nível
1	*Acácia ferrugínea*	Vatuvarlapalli (M)	NL
2	*Acácia polyacantha*	Pulicheruvu, Marlakonda (P)	NL
3	*Albizia chinensis*	Nekkantipenta (P)	NL
4	*Anogeissus acuminata*	Sivapuram-Atmakur (K)	SEG
5	*Antidesma zeylanicum*	GBM (K)	NL
6	*Boswellia ovalifoliolata*	Palutla (P)	NL
7	*Chukrasia tabularis*	Rollapenta (P)	NL
8	*Cordia evolutior*	Y.Palem -Garnipenta (P)	NL
9	*Cordia gharaf*	Amrabad (M)	NL
10	*Cyathea spinulosa*	Saleswaram (M)	NL
11	*Desmodium oojeinense*	GBM- Velgode (K); Betludathanarava -GBM (P)	SEG
12	*Dolichandrone atrovirens*	Rollapenta (P)	NL
13	*Drypetes roxburghii*	Amrabad (M)	NL
14	*Euphorbia tortillis*	Bodi (P)	NL
15	*Ficus rumphii*	Betludathanarava (P); Kolanubharathi (K); Saleswaram (M)	SEG
16	*Glochidion tomentosum*	Mallelatheertham (M)	SEG
17	*Hibiscus platanifolius*	Chintala -Telugurayuni cheruvu (P) GBM (K)	NL
18	*Litsea glutinosa*	Pecheruvu, GBM (K); Saleswaram (M); GBM (K)	NL
19	*Maba buxifolia*	Pecheruvu, Bairlooty (K); Mallelatheertham (M)	NL
20	*Macaranga peltata*	Saleswaram (M)	NL
21	*Meyna spinosa*	Nagalooty (K)	SEG
22	*Pittosporum napaulense*	Motta penta, Velgode-GBM(K)	NL
23	*Pleurostylia opposita*	Achampet (P)	NL
24	*Polyalthia suberosa*	Borapuram (M)	SEG
25	*Pterospermum canescens*	Velgode-GBM (K)	NL
26	*Saraca asoca*	Saleswaram (M)	SEG
27	*Shorea roxburghii*	Mahanandi (KNL)	NL
28	*Streblus taxoides*	Motta(GBM) (K)	NL
29	*Suregada multiflora*	Bodi (P)	SEG
30	*Terminalia pallida*	Indreswaram gudem (KNL)	NL
31	*Walsura trifolia*	Mallelatheertham (M); Nirjamula Thanda (P)	NL
32	*Wendlandia bicuspidata*	Malakonda penta (PKSM)	SEG
33	*Wendlandia gamblei*	Bommilingam-Marlakonda, Albufeira de Gundlamotu (P)	SEG
34	*Wendlandia heynei*	Velgode- GBM (K)	SEG

A estratificação vertical do povoamento arbóreo em Nallamalais representa o andar superior, o andar médio e o andar inferior. O andar superior ocupa um total de 42 espécies numa classe de altura superior a 17m. Estas incluem *Aglaia elaeagnoidea, Albizia odoratissima, Albizia procera, Boswellia ovalifoliolata, Carey a arborea, Dalbergia lanceolaria, Erythrina stricta, Givotia moluccana, Holoptelea integrifolia, Hardwickia binata, Madhuca indica, Mangifera indica, Tamarindus indica* e *Schrebera swietenioides.* O andar intermédio, com 47% (117) de espécies, situa-se numa faixa de altura de 9-16 m e o andar inferior, com 90 espécies, situa-se numa faixa de altura de 5-8 m.

Andar superior (>17m)

Aglaia elaeagnoidea, Ailanthus excelsa, Albizia lebbeck, Albizia odoratissima, Albizia procera, Bambusa arundinacea, Borassus flabellifer, Boswellia ovalifoliolata, Boswellia serrata, Careya arborea, Caryota urens, Ceiba pentandra, Chukrasia tabularis, Dalbergia lanceolaria, Dalbergia paniculata, Dendrocalamus strictus, Desmodium oojeinensis, Dillenia pentagyna, Erythrina stricta, Givotia moluccana, Gyrocarpus americanus, Haldinia cordifolia, Hardwickia binata, Holoptelea integrifolia, Macaranga peltata, Madhuca indica, Mangifera indica, Melia dubia, Mitragyna parvifolia, Naringi crenulata, Oroxylum indicum, Pongamia pinnata, Schrebera swietenioides, Semecarpus anacardium, Shorea roxburghii, Sterculia urens, Sterculia villosa, Tamarindus indica, Terminalia alata, Terminalia arjuna, T. bellirica e *Vitex leucoxylon.*

Andar intermédio (9-16m)

Acacia ferruginea, Acacia leucophloea, Acacia nilotica, Acacia polyacantha, Aegle marmelos, Alangium salvifolium, Albizia amara, Albizia chinensis, Albizia thompsonii, Anogeissus acuminata, Anogeissus latifolia, Antidesma ghaesembilla, Antidesma zeylanica, Artocarpus heterophyllus, Azadirachta indica, Bauhinia malabarica, Bauhinia purpurea, Bauhinia tomentosa, Bombax ceiba, Bridelia airy-shawii,

Bridelia cinerascens, Bridelia crenulata, Buchanania axillaries, Buchanania lanzan, Butea monosperma, Capparis divaricata, Cassia fistula, Cassine glauca, Chionanthus macrophylla, Chloroxylon swietenia, Cleistanthus patulus, Cochlospermum religiosum, Commiphora caudata, Cordia dichotoma, Cordia macleodii, Cordia monoica, Cordia wallichii, Courouptia guianensis, Deccania pubescens var. candolleana, Deccania pubescens, Diospyros chloroxylon, Diospyros melanoxylon, Dolichandrone arcuata, Dolichandrone atrovirens, Dolichandrone falcata var. lawii, Dolichandrone falcata, Drypetes roxburghii, Drypetes sepiaria, Eriolaena hookeriana, Eriolaena lushingtonii, Erythrina suberosa, Ficus amplissima, Ficus arnottiana, Ficus benghalensis, Ficus microcarpa, Ficus mollis, Ficus racemosa, Ficus religiosa, Ficus rumphii, Ficus talbotii, Ficus tasjakela, Ficus tinctoria, Ficus virens, Firmiana colorata, Flacourtia ramontchi, Gardenia latifolia, Garuga pinnata, Glochidion tomentosa, Glochidion velutinum, Glochidion zeylanicum, Gmelina arborea, Grewia tiliifolia, Hymenodictyon orixense, Lagerstroemia parviflora, Lannea coromandelica, Lepisanthes tetraphylla, Limonia acidissima, Mallotus philippensis, Mallotus rhamnifolius, Manilkara hexandra, Manilkara roxburghiana, Morinda angustifolia, Morinda pubescens, Moringa concanensis, Naringi alata,

Phyllanthus emblica, Phyllanthus indofischeri, Polyalthia cerasoides, Polyalthia suberosa, Prosopis chilensis, Prosopis cineraria, Pterocarpus marsupium, Pterocarpus santalinus, Pterospermum canescens, Pterospermum xylocarpum, Radermachera xylocarpa, Sapindus emarginatus, Saraca asoca, Schleichera oleosa, Soymida febrífuga, Stereospermum personatum, Stereospermum suaveolens, Strychnos nux-vomica, Strychnos potatorum, Syzygium alternifolium, Syzygium cumini, Tamilnadia uliginosa, Tectona grandis, Terminalia chebula, T. coriacea, T. pallida, Trema orientalis, Vitex altissima, Vitex peduncularis, Vitex pinnata, Wrightia arborea e *W. tinctoria.*

Andar inferior (5-8m)

Acacia auriculiformis, Acacia catechu, Allophyllus cobbe, Annona squamosa, Atalantia monophylla, Balanites aegyptiaca, Bauhinia racemosa, Canthium dicoccum, Capparis grandis, Cascabela thevetia, Casearia graveolens, Casearia tomentosa, Celtis philippensis, Celtis trimorensis, Ceriscoides turgida, Cipadessa baccifera, Cissus vitiginea, Citrus sinensis, Cleistanthus collinus, Cordia evolutior, Cordia gharaf, Crateva magna, Cyathea spinulosa, Dalbergia latifolia, Dalbergia sissoo, Ehretia aspera, Ehretia laevis, Ehretia pubescens, Erythroxylum monogynum, Eucalyptus camadulensis, Eucalyptus globules, Euphorbia antiquorum, Euphorbia ligularia, Euphorbia nivulia, Euphorbia tortillis, Ficus hispida, Gardenia gummifera, Gardenia resinifera, Gliricidia sepium, Glycosmis pentaphylla, Grewia abutilifolia, Grewia bracteata, Grewia damine, Grewia flavescens, Hibiscus platanifolius, Holarrhena pubescens, Ixora pavetta, Jatropha curcas, Kydia calycina, Litsea glutinosa, Maba buxifolia, Maerua apetala, Melia azedarach, Memecylon edule, Memecylon umbellatum, Meyna spinosa, Miliusa tomentosa, Mundulea sericea, Murraya koenigii, Nyctanthes arbor-tristis, Ochna obtusata var. gamblei, Ochna obtusata, Parkinsonia aculeate, Pavetta indica, Pavetta tomentosa, Phoenix sylvestris, Phyllanthus polyphyllus, Pittosporum nepaulense, Pleurostylia opposita, Premna latifolia var. mollissima, Premna tomentosa, Santalum album, Sapium insigne, Senna siamea, Senna surattensis, Streblus asper, Streblus taxoides, Suregada angustifolia, Suregada multiflora, Tecoma stans, Walsura trifolia, Wendlandia bicuspidata, Wendlandia gamblei, Wendlandia glabrata, Wendlandia heynei, Wendlandia tinctoria, Ximenia americana, Ziziphus glabrata, Ziziphus mauritiana e Ziziphus xylopyrus.

Tipos de frutos e modo de dispersão

As plantas desenvolveram várias características morfológicas reprodutivas para aumentar a sua eficiência na atração de polinizadores e dispersores de sementes, aumentando assim o sucesso reprodutivo das plantas. Foi efectuada uma análise relativamente aos tipos de frutos e ao modo de dispersão dos taxa de árvores em Nallamalais (**Quadro 1**). Entre os 12 tipos de frutos, a drupa é o tipo mais comum (34%), seguida da cápsula (22%), da baga (18%) e da leguminosa (15%), comuns na área de estudo. Os tipos de frutos como recetáculo, folículo, sincarpo, monocarpo, samara, agregado e cariopse constituem 11% do total de tipos de frutos. Os frutos secos são encontrados em 156 espécies (63%) e os frutos carnudos são produzidos por 92 espécies (37%). O modo de dispersão entre as árvores é principalmente por Autocoria (47%), seguido de Zoocoria (37%) e Anemocoria (16%).

UTILIZAÇÃO DOS RECURSOS ARBÓREOS (VALORES DE USO)

Dos 249 taxa de árvores registados nas grelhas de amostragem, 214 taxa têm um ou outro valor de uso. Isto representa 86% do total de árvores registadas em Nallamalais. Das 214 espécies de árvores, 102 taxa (47,66%) produzem frutos comestíveis (consumidos por humanos e animais), 97 (45,32%) com valor madeireiro, 138 (64,48%) com valor medicinal, 39 (18,26%) com valor de fibra, 47 (22%) com valor de lenha e 73 taxa (34%) de usos diversos. Todos os pormenores são apresentados no **Quadro 3**. É evidente que *Grewia damine, Acacia leucophloea* e *Acacia nilotica* são registadas com um valor de utilização elevado de 6, seguidas de *Bombax ceiba, Grewia flavescens, Azadirachta indica, Ziziphus xylopyros, Hardwickia binata, Pongamia pinnata, Albizia amara, Albizia lebbeck* e *Alangium salvifolium* com um valor de utilização de 5, 19 espécies com um valor de utilização de 4 e 181 espécies com um valor de utilização de 1-3.

As árvores como recurso alimentar

Das 102 espécies de árvores de fruto comestíveis, *Aegle marmelos, Annona squamosa, Artocarpus heterophyllus, Borassus flabellifer, Cordia dichotoma, Diospyros melanoxylon, Ficus racemosa, Gardenia gummifera, Madhuca indica, Mangifera indica, Manilkara hexandra, M. roxburghiana, Memecylon edule, Phoenix sylvestris, Phyllanthus emblica, P. indofischeri, Polyalthia cerasoides, Tamarindus indica* e *Ziziphus mauritiana* estão a ser utilizados pelas comunidades locais e vendidos nos mercados locais. Mais de 60% dos frutos são consumidos por animais selvagens (Zoochory).

QUADRO 3: ÁRVORES DE NALLAMALAIS E RESPECTIVO VALOR DE USO

S.N.	Nome do táxon	E	T	M	F	FW	Diversos.	UV	D/L/O
1	*Acácia auriculiforme*		+		+	+		3	D
2	*Acácia catechu*		+	+		+		3	D
3	*Acácia ferrugínea*					+	Goma	2	D
4	*Acácia leucófila*	+	+	+	+	+	Goma	6	D
5	*Acacia nilotica. ssp. indica*	+	+	+	+	+	Pastilha elástica, Tann, Forragem	6	D
6	*Acácia policantha*	+						1	D
7	*Aegle marmelos*	+		+			Sagrado	3	D/L/O
8	*Aglaia elaeagnoidea var. beddomei*	+						1	D
9	*Ailanthus excelsa*			+				1	O
10	*Alangium salvifolium ssp. Salvifolium*	+	+	+	+	+		5	D
11	*Albizia amara*	+	+	+		+	Estrume	5	D
12	*Albizia chinensis*		+					1	D
13	*Albizia lebbeck*	+	+	+		+	Goma	5	D
14	*Albizia odoratissima*		+	+				2	D
15	*Albizia procera*			+				1	D
16	*Allophylus cobbe*			+				1	D
17	*Annona squamosa*	+		+		+		3	D/L
19	*Anogeissus acuminata*		+					1	D

20	*Anogeissus latifolia*		+	+			Goma	3	O
21	*Antidesma ghaesembilla*	+						1	D
22	*Artocarpus heterophyllus*	+						1	D
23	*Atalantia monophylla*	+		+				2	D
24	*Azadirachta indica*	+	+	+		+	Sagrado	5	D/L/O
25	*Balanites aegyptiaca*			+				1	O
26	*Bambusa arundinacea*		+		+	+	Construir	4	D/L/O
27	*Bauhinia malabarica*			+			Goma, Folha	2	D
28	*Bauhinia purpurea*		+	+	+	+		4	D/L
29	*Bauhinia racemosa*		+	+	+	+		4	D
30	*Bombax ceiba*		+	+	+	+	Goma	5	O
31	*Borassus flabellifer*	+	+			+		3	D/L
32	*Boswellia ovalifoliolata*		+	+			Goma	3	O
33	*Boswellia serrata*			+			Goma	2	O
34	*Bridelia airy-shawii*	+					Forragem	2	D
35	*Bridelia cinerascens*			+				1	D
36	*Bridelia crenulata*		+					1	D
37	*Buchanania axillaris*	+		+			Sementes	3	D/L/O
38	*Buchanania lanzan*	+		+			Sementes	3	D/L/O
39	*Butea monosperma*		+	+			Goma, Laca	3	O
40	*Canthium dicoccum*					+		1	D
41	*Capparis divaricata*	+		+		+		3	D
42	*Capparis grandis*	+		+		+		3	D
43	*Careya arborea*	+	+	+	+			4	D
44	*Caryota urens*		+		+	+	Cordas	4	D/L/O
45	*Cassia fistula*		+	+	+	+		4	D/L
46	*Cassia siamea*		+			+		2	D
47	*Cassine glauca*		+	+				2	D
48	*Ceiba pentandra*		+		+	+		3	O
49	*Chloroxylon swietenia*		+					1	D/L/O
50	*Chukrasia tabularis*	+	+					2	D
51	*Cipadessa baccifera*	+	+	+				3	D
52	*Cissus vitiginea*			+				1	D
53	*Citrus sinensis*	+		+				2	D
54	*Cleistanthus collinus*			+			Peixe Veneno	2	D/L/O
55	*Cochlospermum religiosum*			+	+		Goma	3	O
56	*Commiphora caudata*	+		+			Pastilha elástica, Fruta	3	D/L

57	*Cordia dichotoma*	+	+	+		+		4	D/L
58	*Cordia evolutior*	+						1	D
59	*Cordia gharaf*	+	+					2	D
60	*Cordia macleodii*	+	+					2	D
61	*Cordia monoica*	+		+				2	D
62	*Cordia wallichii*	+		+				2	D
63	*Couroupita guianensis*	+						1	D
64	*Crateva magna*	+	+	+				3	D
65	*Dalbergia lanceolaria*		+	+		+		3	D/L/O
66	*Dalbergia latifolia*		+	+			Fod, Óleo, Tann	3	O
67	*Dalbergia paniculata*		+	+		+		3	D/L
68	*Dalbergia sissoo*		+					1	D
69	*Dendrocalamus strictus*		+		+	+	Construir	4	D/L/O
70	*Dillenia pentagyna*	+		+				2	D
71	*Diospyros chloroxylon*	+		+				2	D
72	*Diospyros melanoxylon*	+		+			Folhas	3	D/L/O
73	*Dolichandrone atrovirens*		+					1	D
74	*Dolichandrone falcata*		+	+			Ferramentas agrícolas	3	D
75	*Drypetes roxburghii*			+			Óleo gordo	2	D
76	*Ehretia aspera*	+	+					2	D
77	*Ehretia laevis*	+					Forragem	2	D
78	*Ehretia pubescens*	+						1	D
79	*Eriolaena hookeriana*		+	+			Mobiliário	3	O
80	*Erythrina stricta*		+	+				2	D
81	*Erythrina suberosa*		+				Fibra, óleo, Fod	2	D
82	*Erythroxylum monogynum*	+		+				2	D
83	*Eucalipto camadulensis*		+			+		2	D/L/O
84	*Eucalipto globulus*		+			+		2	D/L/O
85	*Euphorbia antiquorum*			+				1	D
86	*Euphorbia nivulia*			+			Látex	2	D
87	*Ficus amplissima*	+	+				Forragem	3	D
88	*Ficus arnottiana*	+					Forragem	2	D
89	*Ficus benghalensis*	+						1	D
90	*Ficus hispida*	+		+			Forragem	3	D
91	*Ficus microcarpa*	+						1	D
92	*Ficus mollis*	+						1	D
93	*Ficus racemosa*	+		+			Forragem	3	D/L

94	*Ficus religiosa*	+		+				2	D
95	*Ficus rumphi*	+						1	D
96	*Ficus talboti*	+						1	D
97	*Ficus tinctoria*	+		+				2	D
98	*Ficus tsjakela*	+	+					2	D
99	*Ficus virens*	+						1	D
100	*Firmiana colorata*				+			1	D
101	*Flacourtia ramontchi*		+	+				2	D
102	*Gardenia gummifera*	+		+			Resina	3	D/L
103	*Gardenia latifolia*	+		+				2	D
104	*Gardenia resinífera*	+	+	+			Resina	4	D
105	*Garuga pinnata*	+	+	+				3	D
106	*Givotia moluccana*		+	+				2	D
107	*Glochidion zeylanicum*			+				1	D
108	*Glochidion velutinum*						Bronzeamento	1	D
109	*Glycosmis pentaphylla*	+		+				2	D
110	*Gmelina arborea*			+				1	D
111	*Grewia abutilifolia*	+	+		+	+		4	D
112	*Grewia bracteata*	+			+	+		3	D
113	*Grewia damine*	+	+	+	+	+	Bengalas	6	D
114	*Grewia flavescens*	+	+	+	+	+		5	D
115	*Grewia tiliifolia*	+	+	+	+			4	D
116	*Gyrocarpus americanus*		+	+	+			3	D
117	*Haldinia cordifolia*		+	+				2	D
118	*Hardwickia binata*		+	+	+	+	Goma	5	D/L/O
119	*Hibiscus platanifolius*				+			1	D
120	*Holarrhena pubescens*			+	+			2	O
121	*Holoptelea integrifolia*		+					1	D
122	*Hymenodictyon orixense*			+	+		Forragem	3	D
123	*Ixora pavetta*			+			Tocha	2	D
124	*Jatropha curcas*			+		+	Bio-deisel	2	D
125	*Kydia calycina*		+	+	+		Tinta	4	O
126	*Lagerstroemia parviflora*		+	+				2	D
127	*Lannea coromandelica*	+	+	+			Goma	4	D/L/O
128	*Lepisanthes tetraphylla*						Construção	1	D
129	*Limonia acidissima*	+		+				2	D/L
130	*Maba buxifolia*	+						1	D
131	*Macaranga peltata*			+			Goma	2	D
132	*Madhuca indica*	+	+	+			Óleo	4	D/L/O

133	*Maerua apetala*	+		+				2	D
134	*Mallotus philippensis*			+			Tinta	2	D/L/O
135	*Mallotus rhamnifolius*			+				1	D
136	*Mangifera indica*	+	+	+		+		4	D/L/O
137	*Manilkara hexandra*	+		+				2	D/L/O
138	*Manilkara roxburghiana*	+						1	D/L/O
139	*Melia azedarach*	+	+	+				3	D
140	*Melia dubia*	+	+	+				3	D/L
141	*Memecylon edule*	+						1	D/L
142	*Memecylon umbellatum*	+		+				2	D
143	*Miliusa tomentosa*	+						1	D
144	*Mitragyna parvifolia*		+	+				2	D
145	*Morinda angustifolia*	+					Tinta	2	O
146	*Morinda pubescens*	+	+			+		3	O
147	*Moringa concanensis*			+	+			2	D
148	*Mundulea sericea*			+			Veneno de peixe	2	O
149	*Murraya koenigii*	+		+				2	D/L
150	*Naringi alata*	+		+				2	D
151	*Naringi crenulata*	+		+				2	D
152	*Nyctanthes arbor-tristis*			+				1	D
153	*Ochna obtusata*			+				1	D
154	*Ochna obtusata gamblei*			+				1	D
155	*Oroxylum indicum*		+	+			Tinta	3	D
156	*Parkinsonia aculeata*		+					1	D
157	*Pavetta indica*	+						1	D
158	*Fénix sylvestris*	+	+		+	+		4	D/L/O
159	*Phyllanthus emblica*	+		+				2	D/L/O
160	*Phyllanthus indofischeri*	+						1	D/L/O
161	*Phyllanthus polyphyllus*				+	+		2	D
162	*Pleurostylia opposita*		+					1	D
163	*Polyalthia cerasoides*	+	+	+				3	D
164	*Polyalthia suberosa*	+	+					2	D
165	*Pongamia pinnata*		+	+	+	+	Óleo	5	D/L/O
166	*Premna tomentosa*			+				1	D
167	*Prosopis chilensis*	+	+		+	+		4	D/L
168	*Prosopis cineraria*	+					Forragem	2	D
169	*Pterocarpus marsupium*		+	+			Goma	3	O
170	*Pterocarpus santalinus*		+	+				2	D/L/O
171	*Pterospermum canescens*				+			1	D

172	*Pterospermum xylocarpum*			+	+	+		3	D
173	*Radermachera xylocarpa*	+	+	+				3	D
174	*Santalum album*	+	+	+			Óleo	4	D/L/O
175	*Sapindus emarginatus*		+	+				2	D/L/O
176	*Sapium insigne*						Brinquedos	1	D
177	*Saraca asoca*			+			Casca	2	D/L/O
178	*Schleichera oleosa*	+		+			Tinta	3	O
179	*Schrebera swietenioides*		+	+				2	D
180	*Semecarpus anacardium*		+	+			Óleo resinoso	3	O
181	*Shorea roxburghii*		+	+				2	D
182	*Soymida febrífuga*		+	+				2	D
183	*Sterculia urens*			+	+		Goma	3	O
184	*Sterculia villosa*			+	+			2	O
185	*Stereospermum personatum*						Forragem, Bebida fresca	1	D
186	*Stereospermum suaveolens*						Forragem, Óleo	1	D
187	*Streblus asper*		+	+				2	D
188	*Strychnos nux-vomica*		+	+		+		3	O
189	*Strychnos potatorum*		+	+		+		3	D
190	*Suregada angustifolia*			+				1	D
191	*Syzygium alternifolium*	+		+				2	D
192	*Syzygium cumini*	+	+	+				3	D
193	*Tamarindus indica*	+	+	+		+		4	D/L/O
194	*Tamilnadia uliginosa*	+			+			2	D
195	*Tectona grandis*		+					1	D/L/O
196	*Terminalia alata*		+	+			Taninos	3	D/L/O
197	*Terminalia arjuna*		+	+				2	D/L/O
198	*Terminalia bellirica*		+	+			Óleo de madeira	3	D/L/O
199	*Terminalia chebula*		+	+				2	D/L/O
200	*Terminalia coriacea*		+					1	D
201	*Terminalia pallida*		+	+			Taninos	3	D/L/O
202	*Trema orientalis*		+	+				2	D
203	*Vitex leucoxylon*		+	+				2	D
204	*Vitex peduncularis*		+					1	D
205	*Vitex pinnata*		+	+				2	D
206	*Walsura trifolia*						Óleo	1	O
207	*Wendlandia heynei*						Forragem	1	D
208	*Wendlandia tinctoria*						Tinta	1	O

209	*Wrightia arborea*			+	+			3	D
210	*Wrightia tinctoria*			+	+			2	D
211	*Ximenia americana*	+						1	D
212	*Ziziph us glabrata*	+				+		2	D
213	*Ziziphus mauritiana*	+		+		+		3	D/L
214	*Ziziph us xylopyros*	+	+	+	+	+		5	D

E-Comestível; T-Madeira; M-Medicinal; F-Fibra; FW-Lenha para combustível; UV-Valor de uso; D-Doméstico; L-Mercado local; O-Outros

Árvores de produção de madeira

Um total de 97 espécies de árvores registadas na área de estudo têm valor madeireiro (**Quadro 3**). Estas incluem *Acacia nilotica, Anogeissus latifolia, Azadirachta indica, Borassus flabellifer, Chloroxylon swietenia, Dalbergia lanceolaria, D. latifolia, Eucalyptus camadulensis, Hardwickia binata, Madhuca indica, Mangifera indica, Phoenix sylvestris, Pterocarpus marsupium, Pterocarpus santalinus, Soymida febrífuga, Tamarindus indica, Tectona grandis, Terminalia alata* e *Terminalia arjuna*. Parte da madeira foi encontrada extraída ilegalmente da floresta e comercializada nos depósitos de madeira.

Árvores de produção de fibras

Os taxa de árvores com elevada percentagem de fibras em diferentes partes de plantas representam cerca de 18,26% (39 taxa de árvores) da área de estudo. Estes incluem *Acacia leucophloea, Alangium salvifolium, Bambusa arundinacea, Bombax ceiba, Caryota urens, Ceiba pentandra, Cochlospermum religiosum, Dendrocalamus strictus, Grewia damine, Grewia flavescens, Gyrocarpus americanus, Phoenix sylvestris, Prosopis chilensis, Pterospermum xylocarpum* e *Ziziphus xylopyrus.*

Árvores como lenha

Um total de 47 taxa são utilizados de forma proeminente como madeira para combustível (**Quadro 3**): *Acacia catechu, Acacia leucophloea, Bauhinia racemosa, Borassus flabellifer, Capparis divaricata, C. grandis, Cassia fistula, C. siamea, Dalbergia lanceolaria, D. paniculata, Eucalyptus* *camadulensis, Grewia damine, G. flavescens, Hardwickia binata, Phoenix sylvestris, Pongamia pinnata, Prosopis chilensis, Pterospermum xylocarpum* e *Ziziphus xylopyrus.*

Árvores de uso diverso

São registados setenta e três taxa de árvores de importância diversa. Dezassete deles são produtores significativos de goma. Trata-se de *Acacia ferruginea, A. leucophloea, Albizia lebbeck, Anogeissus latifolia, Bombax ceiba, Boswellia ovalifoliolata, B. serrata, Butea monosperma, Cochlospermum religiosum, Hardwickia binata, Lannea coromandelica, Macaranga peltata, Pterocarpus marsupium* e *Sterculia urens.* Um total de 6 espécies de árvores produtoras de corantes estão registadas na área de estudo. Estas incluem *Kydiacalycina, Schleicheraoleosa, Morindaangustifolia, Wendlandiatinctoria, Oroxylumindicum* e *Mallotusphilippensis.* Os frutos de *Cleistanthuscollinus* e *Munduleasericea* são utilizados como veneno para peixes. *Prosopis cineraria, Hymenodictyon orixense, Wendlandia heynei, Ehretia laevis, Bridelia airy-shawii, Dalbergia latifolia, Ficus amplissima, F. racemosa, F. arnottiana, F. hispida, Stereospermum personatum* e *Stereospermum suaveolens* são as espécies que produzem forragem, principalmente para o gado. Os óleos essenciais são extraídos de *Santalumalbum, Madhucaindica* e *Pongamiapinnata.*

Árvores de valor medicinal

De acordo com Shali Saheb (2008), um total de 138 espécies de árvores em Nallamalais têm algum valor medicinal (**Quadro 3**).

Produtos florestais não lenhosos

Em todo o regime de Nallamalais, poucas espécies de plantas têm o valor de produtos florestais não lenhosos. Estão a ser utilizadas a nível interno, comercializadas localmente e também vendidas a agências governamentais como a Girijana Co-operative Corporation (GCC). Há casos em que produtos como a goma de Karaya *(Sterculia urens) e* Karaka (frutos de *Terminalia chebula*) são comercializados pelas populações tribais a particulares. Um total de 126 espécies de árvores (64%) são registadas para consumo doméstico (**Quadro 3**).

Catorze espécies (7%), nomeadamente *Annona squamosa, Limonia acidissima, Murraya koenigii, Commiphora caudata, Melia dubia, Ziziphus mauritiana, Bauhinia purpurea, Cassia fistula, Dalbergia paniculata, Prosopis chilensis, Memecylon edule, Gardenia gummifera, Cordia dichotoma* e *Borassus flabellifer,* são utilizadas a nível nacional e comercializadas localmente. Vinte e quatro espécies (12%), incluindo *Cochlospermum religiosum, Sterculia urens, Boswellia serrata, Schleichera oleosa, Semecarpus anacardium, Butea monosperma, Holarrhena pubescens e Strychnos nux-vomica,* são comercializadas a agências governamentais como o GCC e a particulares. Trinta e quatro espécies (16%), incluindo *Aegle marmelos, Azadirachta indica, Bambusa arundinacea, Dendrocalamus strictus, Diospyros melanoxylon, Hardwickia binata, Madhuca indica, Mangifera indica, Manilkara hexandra, Phoenix sylvestris, Phyllanthus emblica, P. indofischeri, Tamarindus indica, Terminalia chebula*, etc., destinam-se aos três objectivos.

Taxa endémica

Registou-se um total de 13 taxa endémicos na área de estudo. Destes, *Dolichandrone arcuata, D.atrovirens, D. falcata, Eriolaena lushingtonii, Manilkara roxburghiana, Phyllanthus indofischeri, Pterocarpus santalinus são* endémicos da Índia peninsular.*Cordia evolutior* é endémica dos Ghats orientais e *Bridelia cinerascens, Maerua apetala, Syzygium alternifolium, Terminalia pallida* são endémicas dos Ghats orientais meridionais e *Boswellia ovalifoliolata* tem uma distribuição restrita nos Ghats orientais meridionais de Andhra Pradesh.

Careya arborea

Caryota urens

Casearia graveolens

Celtis philippensis

Ceriscoides turgida

Chionanthus macrophylla

Cochlospermum religiosum

Cordia macleodii

Dalbergia lanceolaria

Dillenia pentagyna

Diospyros melanoxylon

Dolichandrone falcata

Eriolaena hookeriana

Erythrina stricta

Erythroxylum monogynum

Ficus microcarpa

Holarrhena pubescens

Hymenodictyon orixense

Ixora pavetta

Lannea coromandelica

Lepisanthes tetraphylla

Maba buxifolia

Madhuca indica

Manilkara hexandra

Schleichera oleosa

Schrebera swietenioides

Semecarpus anacardium

Shorea roxburghii

Sterculia urens

Sterculia villosa

Stereospermum personatum

Strychnos nux-vomica

Strychnos potatorum

Suregada angustifolia

Tamilnadia uliginosa

Terminalia alata

Terminalia bellirica

Terminalia chebula

Terminalia pallida

Wendlandia heynei

CAPÍTULO 4. QUANTIFICAÇÃO DAS ÁRVORES DE NALLAMALAIS

Topografia da grelha

Os recursos arbóreos de Nallamalais foram avaliados quantitativamente através de 175 grelhas a uma escala de 6,25x 6,25 km. As grelhas foram estratificadas com base no valor NDVI 130 utilizando conjuntos de dados de teledeteção (IRS-1C). Os pormenores relativos à distribuição distrital de 175 grelhas com os códigos relevantes das folhas de topo do Survey of India (SOI), juntamente com o seu intervalo de elevação, são apresentados **no Quadro 4**. A elevação desempenha um papel importante na estrutura da vegetação. Quanto maior a elevação, as temperaturas diminuem e a precipitação geralmente aumenta. Estas alterações produzem também alterações sistemáticas no coberto vegetal, dando origem a uma sequência de zonas de vegetação relacionadas com a altitude. Assim, no presente estudo, a elevação ou o gradiente altitudinal foi estudado com referência às leituras GPS nos pontos de início e fim dos transectos de correia, utilizando o sistema de posicionamento global (GPS) para todas as grelhas amostradas.

Tomando a gama de elevação média, todas as 175 grelhas são classificadas em quatro classes: <200m, 201-400m, 401-600m, 601-800m e >800m de altitude acima do nível médio do mar. Os pormenores são apresentados no (**Quadro 5**). A altitude inferior a <200m encontra-se apenas em três grelhas (1,7%), duas com floresta caducifólia e uma com matos, com 31 espécies. As espécies significativas são *Acacia leucophloea, Atalantia monophylla, Euphorbia antiquorum, Maba buxifolia, Maerua apetala* e *Ziziphus mauritiana.* A faixa de elevação de 201-400m é preenchida por 88 grelhas (50,2%) com tipos de floresta caducifólia e matos, e inclui 185 espécies. As espécies significativas nesta categoria são *Antidesma ghaesembilla, Crateva magna, Lepisanthes tetraphylla, Memecylon umbellatum* e *Semecarpus anacardium.*

A gama altitudinal de 401-600m é registada em 52 grelhas (29,7%). À exceção de uma grelha com vegetação caducifólia húmida, todas as restantes representam vegetação caducifólia seca. Nesta faixa de altitude, registou-se um total de 181 espécies, sendo as mais significativas *Bauhinia tomentosa, Casearia graveolens, Suregada angustifolia, Syzygium alternifolium, Walsura trifolia, Wendlandia bicuspidata.* A altitude de 601-800 m é registada em 26 grelhas (14,8%) com dois tipos de caducifólias húmidas e as restantes 24 com vegetação caducifólia. Um total de 172 espécies foram registadas nesta faixa, incluindo *Antidesma zeylanica, Caryota urens, Celtis philippensis, Celtis trimorensis, Chionanthus macrophylla, Cleistanthus patulus, Memecylon edule, Suregada multiflora e Wendlandia gamblei.* A faixa de maior altitude >800m abrange apenas 6 grelhas (3,4%) com um tipo de vegetação caducifólia húmida e os restantes tipos de vegetação caducifólia. Compreendem 122 espécies, incluindo as árvores significativas, *Aglaia elaegnoidea, Litsea glutinosa, Saraca asoca* e *Macaranga peltata*.

Análise dos tipos de vegetação

Todas as grelhas estão distribuídas por diferentes tipos de vegetação, nomeadamente florestas decíduas húmidas, florestas decíduas secas e matos. A floresta caducifólia húmida abrange apenas 2% das grelhas, nomeadamente Gundlabrahmeswaram, Mallelateertham, Istakameswari e Saleswaram, apresentadas no **Quadro 4**. Abrange 24% de espécies sempre-verdes e 2% de espécies semi-verdes. As espécies mais dominantes nas florestas de folha caduca húmida são *Aglaia elaeagnoidea, Terminalia arjuna, Mangifera indica, Cleistanthus patulus, Chionanthus ramiflora, Caryota urens, Glochidion tomentosum Suregada angustifolia, Dillenia pentagyna, Bambusa arundinacea, Vitex leucoxylon*, etc.

A maioria das grelhas em Nallamalais tem vegetação do tipo caducifólia seca, compreendendo 86% das grelhas. As espécies caducifólias cobrem 74% do sítio de estudo, o que inclui espécies como *Anogeissus latifolia, Albizia odoratissima, Chloroxylon swietenia, Dolichandrone atrovirens, Eriolaena hookeriana, Dalbergia lanceolaria, Hardwickia binata, Lagerstroemia parviflora, Lannea coromandelica, Madhuca indica, Morinda pubescens, Terminalia alata*, etc. A vegetação perto das periferias das florestas e das colinas é constituída por arbustos espinhosos que ocorrem em 11% das grelhas. As espécies espinhosas que ocorrem no matagal são *Acaciacatechu, Albizia amara, Acacia leucophloea, Mundulea sericea, Canthium dicoccum, Drypetes separia, Diospyros chloroxylon, Ziziphus xylopyrus, Balanites aegyptiaca, Euphorbia antiquorum* e *Ximenia americana.*

QUADRO 4: ANÁLISE EM GRELHA-DISTRITOS/VEGETAÇÃO/ELEVAÇÃO						
S. Não.	Distrito	Toposheet	N.º de Sub-T	Veg. Tipo de produto	Repr. Localização	Elevação MSL (m)
1	2	3	4	5	6	7

1	MBNR	56 L/11 SE4	2	DD	Srisailam - Saleswaram	828 - 839
2	MBNR	56 L/12 NE1	1	DD	Perto de Pullayapalle	804 - 847
3	MBNR	56 L/12 NE2	2	MD	Saleswaram	770 - 834
4	MBNR	56 L/12 NE3	1	DD	Estrada de Saleswaram	876 - 879
5	MBNR	56 L/12 NE4	2	DD	Borapuram	703 - 719
6	MBNR	56 L/12 NW4	4	DD	Tekula penta	752 - 761
7	MBNR	56 L/12 SE1	2	DD	Yemlapayabata	643 - 709
8	KNL	56 L/12 SE2	2	DD	Chitral penta	432 - 474
9	MBNR	56 L/12 SE3	4	DD	Adivi Bavi	593 - 647
10	MBNR	56 L/12 SE4	4	DD	Irla Penta	558 - 584
11	MBNR	56 L/12 SW1	2	DD	Jalpenta	724 - 753
12	KNL	56 L/12 SW2	1	DD	Shivapuram	316 - 539
13	MBNR	56 L/12 SW3	1	DD	Jalpenta	728 - 789
14	KNL	56 L/12 SW4	1	DD	Shivapuram	500 - 580
15	MBNR	56 L/15 SE2	1	DD	Chedalagummi narava	521 - 649
16	MBNR	56 L/15 SE4	2	DD	Chedalagummi narava	543 - 621
17	MBNR	56 L/15 SW1	1	DD	Srisailam 69 km de pedra	437 - 738
18	MBNR	56 L/15 SW2	1	DD	Vativallu palli (4km)	811 - 827
19	MBNR	56 L/15 SW3	5	DD	Amrabad	687 - 723
20	MBNR	56 L/15 SW4	2	MD	Mallelathirtham	658 -708
21	MBNR	56L/16 NE1	1	DD	Chedalagummi narava	635 - 762
22	MBNR	56L/16NE2	2	DD	Pedra SSM 30 km	543 - 581
23	MBNR	56 L/16 NE3	1	DD	Chedalagummi narava	679 - 683
24	PKSM	56 L/16 NE4	2	DD	Mallagundam penta	425 - 500
25	MBNR	56 L/16 NW1	1	DD	Baureddipalle	801 - 821
26	MBNR	56 L/16 NW2	2	DD	Medimankal	630 - 658
27	MBNR	56 L/16 NW3	1	DD	Narasipenta	693 - 731
28	MBNR	56 L/16 NW4	1	DD	Tapasipenta	558 - 615
29	MBNR	56 L/16 SE1	1	DD	Domalapenta	512 - 551
30	KNL	56 L/16 SE2	2	DD	Bhimunikolanu	431 - 603
31	PKSM	56 L/16 SE3	4	MD	Istakameswari	531 - 601
32	PKSM	56 L/16 SE4	2	DD	Perto de Chinnarutla	674 - 734
33	MBNR	56 L/16 SW1	4	DD	Chilakat Gutta	647 - 689
34	KNL	56 L/16 SW2	2	DD	Gajjela Konda	637 - 685
35	KNL	56 L/16 SW3	1	DD	Área do templo	510 - 541
36	KNL	56 L/16 SW4	2	DD	Nirukalava Kunta	509 - 556
37	GNT	56 P/11 NE2	1	DD	Marrivemula	244 - 407
38	GNT	56 P/11 NE4	2	Esfregar	Guttikonda	187 - 312
39	GNT	56 P/11 NW4	1	Esfregar	Gajapuram	226 - 253

40	GNT	56 P/11SE1	1	DD	Marripalem	242 - 289
41	GNT	56 P/11SE2	1	DD	Bollapalli RF	231 - 235
42	GNT	56 P/11SE3	1	DD	Vinukonda	168 - 180
43	GNT	56 P/11SE4	1	DD	Bollapalli RF	242 - 289
44	GNT	56 P/11 SW1	1	Esfregar	Gandiganamalla	232 - 254
45	GNT	56 P/11 SW2	1	Esfregar	Gandiganamalla	220 - 224
46	GNT	56 P/11 SW3	1	Esfregar	Kakirala	238 - 243
47	GNT	56 P/11 SW4	1	Esfregar	Gandiganamalla	228 - 239
48	GNT	56 P/12 NE1	1	DD	Remidicherla	183 - 308
49	GNT	56 P/12 NE3	1	Esfregar	Nallakonda	173 - 191
50	GNT	56 P/12 NW1	1	Esfregar	Perto de Akkapalem	169 - 243
51	PKSM	56 P/4 NE2	1	DD	Nartadikela Penta	515 - 529
52	PKSM	56 P/4 NE3	2	DD	Bakka Konda	426 - 456
53	PKSM	56 P/4 NE4	2	DD	Pedda Jalani Penta	409 - 443
54	PKSM	56 P/4 NW2	2	DD	Palutla	453 - 501
55	PKSM	56 P/4 NW4	2	DD	Pannalapayalu penta	448 - 464
56	PKSM	56 P/4 SE1	1	DD	Gandhi nagar thanda	392 - 424
57	PKSM	56 P/4 SE2	2	DD	Bangarubodlu	319 - 380
58	PKSM	56 P/4 SE3	2	DD	Marrikurava	418 - 498
59	PKSM	56 P/4 SE4	1	DD	Perto de G.V.Palle	226 - 279
60	PKSM	56 P/4 SW1	2	DD	Nekanti Penta	433 - 644
61	PKSM	56 P/4 SW2	2	DD	Telugurayunicheruvu	443 - 471
62	PKSM	56 P/4 SW3	1	DD	Templo de Peddamma	453 - 535
63	PKSM	56 P/4 SW4	1	DD	Perto de Nayudakkasela	373 - 519
64	GNT	56 P/7 SE2	1	DD	Loyapalle	276 - 299
65	GNT	56 P/7 SE3	1	DD	Nehru nagar Thanda	284 - 320
66	GNT	56 P/7 SE4	1	DD	Nehru nagar Thanda	311 - 352
67	GNT	56 P/7 SW2	1	DD	Hanumaiahbavi Thanda	248 - 274
68	GNT	56 P/7 SW4	1	DD	Murukimalla Tanda	398 - 460
69	PKSM	56 P/8 NE1	2	DD	Garapenta	243 - 261
70	PKSM	56 P/8 NE2	2	DD	Ummadivaram	211 - 223
71	PKSM	56 P/8 NE3	2	DD	Garapenta	211 - 233
72	PKSM	56 P/8 NE4	2	DD	Nemiligondhi	154 - 245
73	PKSM	56 P/8 NW1	1	DD	Murikimalla	269 - 334
74	PKSM	56 P/8 NW2	1	DD	Nerajamala Tanda	247 - 283
75	GNT	56 P/8 NW3	1	DD	Hanuman bavi	280 - 299
76	PKSM	56 P/8 NW4	1	DD	Templo de Mantruswamy	242 - 383
77	PKSM	56 P/8 SW1	2	DD	Kasikuntla Tanda	289 - 312
78	KNL	57 I/10 NE1	2	DD	Pangidi vagu	285 - 306

79	KNL	57 I/10 NE2	1	DD	Rota Velgodu- GBM	315 - 340
80	KNL	57 I/10 NE3	2	DD	Yogananda konda	322 - 430
81	KNL	57 I/10 NE4	4	MD	GBM	642 - 724
82	KNL	57 I/10 NW3	1	DD	Reservatório de Velugodu	245 - 252
83	KNL	57I/10SE1	2	DD	Templo de Omkara	313 - 458
84	KNL	57 I/10SE2	2	DD	Templo de Omkara	311 - 420
85	KNL	57I/10SE3	2	DD	Perto de Maddimanukonda	631 - 686
86	KNL	57I/10SE4	2	DD	Perto de Baireni	302 - 315
87	KNL	57 I/11 NE1	2	DD	Mahanandi	380 - 421
88	KNL	57 I/11 NE2	2	DD	Templo de SaravaNarasimhatemple	268 - 328
89	KNL	57 I/11 NE3	2	DD	Chelama	307 - 330
90	KNL	57 I/11 NE4	2	DD	Chelama	311 - 350
91	KNL	57 I/11 NW3	1	DD	Mahanandi	242 - 252
92	KNL	57I/11SE1	1	DD	Kota Konda (Leste)	253 - 287
93	KNL	57 I/11SE2	1	DD	Peddakambaluru	258 - 285
94	KNL	57 I/11SE3	2	DD	Pacchagundala	457 - 736
95	KNL	57I/11SE4	3	DD	Paccha Gundala	308 - 401
96	KNL	57 I/12 NE1	3	DD	Harinagaram	223 - 245
97	KNL	57 I/12 NE2	2	DD	Singarayakonda	240 - 301
98	KNL	57 I/12 NE3	2	DD	Mamidichelama	330 - 412
99	KNL	57 I/12 NE4	2	DD	Mamidichelama	290 - 350
100	KNL	57I/12SE1	2	DD	Matamcheruvu	232 - 327
101	KNL	57 I/12SE2	2	DD	Garla (vagu)	265 - 301
102	KNL	57I/12SE3	2	DD	Templo de Narasimha	340 - 367
103	KNL	57 I/12SE4	2	DD	Garla Vagu Sul	260 - 500
104	KNL	57 I/13 NE1	1	DD	Perto de Tummalabailu	741 - 743
105	PKSM	57 I/13 NE2	2	DD	Pedda Mantanala	400 - 475
106	PKSM	57 I/13 NE3	2	DD	Tummalabailu	715 - 778
107	PKSM	57 I/13 NE4	1	DD	Peddamantala	351 - 523
108	KNL	57 I/13 NW1	1	DD	Amidalapenta	630 - 685
110	KNL	57 I/13 NW2	1	DD	Bairlooty	379 - 423
109	KNL	57 I/13 NW3	1	DD	Peddacheruvu	635 - 693
111	KNL	57 I/13 NW4	1	DD	Rollapenta	518 - 528
112	PKSM	57I/13SE1	2	DD	Peddamantala	401 - 521
113	PKSM	57 I/13SE2	1	DD	Kulukula selava	427 - 554
114	PKSM	57I/13 SE3	2	DD	Eguva cherlopalli	296 - 362
115	PKSM	57I/13SE4	1	DD	Cenchugudem	470 - 635
117	KNL	57 I/13 SW1	2	DD	Bairlooty	360 - 380
116	KNL	57 I/13 SW2	1	DD	Mogilutla	520 - 556

118	PKSM	57 I/13 SW3	1	DD	Perto de Rollatpenta	532 - 628
119	PKSM	57 I/13 SW4	1	DD	Mogilutla	475 - 495
120	PKSM	57 I/14 NE1	2	Esfregar	Bollupalli	296 - 319
121	PKSM	57 I/14 NE2	1	DD	Templo de Vallapurayani	326 - 571
122	PKSM	57 I/14 NE3	2	DD	Achampeta	356 - 528
123	PKSM	57 I/14 NE4	2	Esfregar	Gatapetla konda	260 - 272
124	PKSM	57 I/14 NW1	3	DD	Betludatha Konda	625 - 762
125	PKSM	57 I/14 NW2	1	DD	Betludatha konda	675 - 689
126	PKSM	57 I/14 NW3	2	DD	Mangaloni Bodu	349 - 389
127	PKSM	57 I/14 NW4	2	DD	Peraya Kunta	323 - 346
128	PKSM	57 I/14SE1	2	DD	Gunikonda	268 - 474
129	PKSM	57 I/14SE2	1	DD	Templo de Rangaswami	296 - 398
130	PKSM	57 I/14SE3	3	DD	Akavidu	259 - 380
131	PKSM	57 I/14SE4	2	DD	Turupukonda	334 - 505
132	PKSM	57 I/14 SW1	1	DD	Isuka Gundam	515 - 606
133	PKSM	57 I/14 SW2	1	DD	Pulichedu	508 - 521
134	PKSM	57 I/14 SW3	1	DD	Peddinayana Penta	595
135	PKSM	57 I/14 SW4	1	DD	Lokki Vaagu	557 - 576
136	PKSM	57 I/15 NW1	2	DD	Kanchuralla Bodu	383 - 392
137	PKSM	57 I/15 NW2	2	DD	Dona bavi	383 - 392
138	PKSM	57 I/15 NW3	2	DD	Estrada de Isukagundam	177 - 484
139	PKSM	57 I/15 NW4	1	DD	Reservatório de Gundlamotu	330 - 420
140	PKSM	57 I/15 SW1	1	DD	Sandrapodu	357 - 367
141	PKSM	57 I/15 SW2	1	DD	Jarriporu gundam	446 - 539
142	PKSM	57 I/15 SW3	1	DD	Vankamani Gundam	357 - 420
143	PKSM	57 I/15 SW4	2	DD	Nakkavagu tippa	355 - 539
144	PKSM	57 I/16 NW1	1	DD	Bodhi	359 - 429
145	PKSM	57 I/16 NW3	1	DD	Uyyalawada	349 - 358
146	KNL	57 I/9 NE2	1	DD	Indreswaram gudem	306 - 352
147	KNL	57 I/9 NE3	1	DD	Kanagala Kuntla penta	531 - 559
148	KNL	57 I/9 NE4	2	DD	Templo de Nagalooty	383 - 497
149	KNL	57I/9SE1	1	DD	Templo de Nandulaveera	301 - 311
150	KNL	57I/9SE2	2	DD	Templo de Rudrakod	296 - 837
151	KNL	57I/9SE3	1	DD	Rudrakod	337 - 373
152	KNL	57I/9 SE4	1	DD	Templo de Rudrakod	350 - 364
153	KNL	57 I/9 SW2	1	DD	Projeto Colónia	264 - 276
154	KNL	57 J/9 NE1	2	DD	Chintala cheruvu	258 - 313
155	KNL	57 J/9 NE3	1	DD	Kotta bavi	258 - 336
156	PKSM	57 M/1 NE1	1	Esfregar	Projeto Bommalapuram	252 - 341

157	PKSM	57 M/1 NE2	1	Esfregar	Laddi Konda	273 - 297
158	PKSM	57 M/1 NE3	1	Esfregar	Perto de Gurrapasala	258 - 389
159	PKSM	57 M/1 NE4	1	Esfregar	Perto de Masirajukunta	219 - 234
160	PKSM	57 M/1 NW1	2	DD	Chintala	404 - 500
161	PKSM	57 M/1 NW2	1	Esfregar	Gantavanipalle	324 - 380
162	PKSM	57 M/1 NW3	1	DD	Chintala	324 - 417
163	PKSM	57 M/1 NW4	1	Esfregar	Perto do posto de controlo	266 - 278
164	PKSM	57 M/1SE2	1	Esfregar	Gundamcharla	255 - 293
165	PKSM	57 M/1 SW1	2	DD	Marla sela	738 - 774
166	PKSM	57 M/1 SW2	2	DD	Marla konda	664 - 778
167	PKSM	57 M/1 SW3	1	DD	Gundamcharla	362 - 493
168	PKSM	57 M/1 SW4	1	DD	Gundamcharla	299 - 330
169	PKSM	57 M/2 NE1	2	Esfregar	Perto de Gottipadiya	219 - 289
170	PKSM	57 M/2 NW1	2	DD	Uravakonda	306 - 388
171	PKSM	57 M/2 NW2	1	Esfregar	Banda Konda	273 - 386
172	PKSM	57 M/2 NW3	1	DD	Perto de Basireddy palli	347 - 352
173	PKSM	57 M/2 NW4	1	DD	Lakshmipuram	267 - 352
174	PKSM	57 M/2 SW1	1	DD	Banda konda	231 - 248
175	PKSM	57 M/2 SW2	1	DD	Perto de P.N.Kunta	246 - 389

QUADRO 5: ANÁLISE DOS PARÂMETROS QUANTITATIVOS AO NÍVEL DA GRELHA

S. Não.	Distrito	Área basal	Riqueza de espécies	Espécies Densidade
1	2	8	10	9
1	MBNR	13.233	77	514
2	MBNR	23.734	66	648
3	MBNR	13.813	62	446
4	MBNR	18.827	54	492
5	MBNR	11.607	36	225
6	MBNR	10.008	42	476
7	MBNR	9.663	45	495
8	KNL	7.963	28	484
9	MBNR	13.817	50	485
10	MBNR	7.620	26	359
11	MBNR	9.238	42	427
12	KNL	4.712	53	263
13	MBNR	5.706	29	307
14	KNL	8.512	40	336
15	MBNR	3.422	24	200
16	MBNR	4.231	28	210

17	MBNR	11.505	48	501
18	MBNR	14.327	63	469
19	MBNR	4.871	30	286
20	MBNR	16.832	47	278
21	MBNR	4.232	30	201
22	MBNR	9.387	27	467
23	MBNR	3.797	23	228
24	PKSM	4.595	35	221
25	MBNR	12.111	49	504
26	MBNR	17.345	38	755
27	MBNR	6.873	32	352
28	MBNR	8.774	39	412
29	MBNR	10.175	33	352
30	KNL	12.458	54	435
31	PKSM	11.287	59	344
32	PKSM	12.202	59	577
33	MBNR	5.598	32	297
34	KNL	20.650	47	871
35	KNL	3.172	24	131
36	KNL	9.810	48	390
37	GNT	4.695	25	253
38	GNT	5.810	31	309
39	GNT	1.240	11	94
40	GNT	3.944	20	216
41	GNT	4.769	21	173
42	GNT	4.536	18	274
43	GNT	6.950	19	261
44	GNT	4.092	19	246
45	GNT	3.276	16	173
46	GNT	2.447	13	143
47	GNT	1.520	14	120
48	GNT	4.031	25	215
49	GNT	2.249	15	104
50	GNT	1.969	14	100
51	PKSM	4.086	29	194
52	PKSM	3.652	23	254
53	PKSM	5.984	30	364
54	PKSM	4.102	37	196
55	PKSM	4.863	25	243

56	PKSM	5.766	45	275
57	PKSM	4.614	20	236
58	PKSM	9.983	41	395
59	PKSM	0.101	5	8
60	PKSM	5.101	37	211
61	PKSM	5.981	31	319
62	PKSM	16.326	48	324
63	PKSM	7.476	31	345
64	GNT	7.664	23	288
65	GNT	4.814	21	219
66	GNT	3.695	18	203
67	GNT	4.560	29	163
68	GNT	10.116	20	331
69	PKSM	9.012	18	350
70	PKSM	10.355	21	354
71	PKSM	16.894	34	704
72	PKSM	8.448	18	423
73	PKSM	5.582	20	328
74	PKSM	4.627	11	252
75	GNT	10.116	35	449
76	PKSM	5.075	22	303
77	PKSM	4.592	17	326
78	KNL	28.016	66	428
79	KNL	4.723	31	229
80	KNL	12.670	39	254
81	KNL	24.040	71	648
82	KNL	2.692	18	73
83	KNL	12.445	40	295
84	KNL	12.077	45	315
85	KNL	13.899	35	627
86	KNL	27.368	54	575
87	KNL	14.693	49	450
88	KNL	11.732	43	463
89	KNL	18.558	38	319
90	KNL	14.349	49	314
91	KNL	4.844	33	145
92	KNL	7.985	40	297
93	KNL	4.026	28	228
94	KNL	14.762	40	723

95	KNL	12.039	53	529
96	KNL	7.242	50	435
97	KNL	8.279	28	279
98	KNL	15.458	43	418
99	KNL	15.367	40	457
100	KNL	12.611	42	489
101	KNL	14.032	50	486
102	KNL	15.999	48	562
103	KNL	13.759	42	454
104	KNL	3.784	30	233
105	PKSM	9.357	46	275
106	PKSM	5.462	41	380
107	PKSM	11.576	38	353
108	KNL	11.220	68	312
110	KNL	59.767	60	380
109	KNL	24.099	55	630
111	KNL	17.452	44	350
112	PKSM	9.996	43	314
113	PKSM	9.022	29	314
114	PKSM	16.270	37	468
115	PKSM	11.700	33	370
117	KNL	20.894	58	415
116	KNL	6.011	34	301
118	PKSM	11.274	43	232
119	PKSM	5.825	44	374
120	PKSM	4.061	28	272
121	PKSM	10.400	33	395
122	PKSM	19.237	47	588
123	PKSM	2.983	21	240
124	PKSM	8.982	48	395
125	PKSM	5.121	40	244
126	PKSM	14.586	50	790
127	PKSM	12.685	38	408
128	PKSM	8.205	36	393
129	PKSM	15.177	32	431
130	PKSM	8.789	27	427
131	PKSM	11.557	35	478
132	PKSM	12.241	40	429
133	PKSM	6.464	38	268

134	PKSM	9.613	39	375
135	PKSM	9.164	44	453
136	PKSM	3.999	31	221
137	PKSM	15.562	63	595
138	PKSM	35.472	64	503
139	PKSM	6.585	28	267
140	PKSM	7.196	32	313
141	PKSM	4.352	35	243
142	PKSM	7.664	49	272
143	PKSM	4.372	15	230
144	PKSM	20.256	62	560
145	PKSM	6.205	32	446
146	KNL	12.837	61	251
147	KNL	18.606	44	444
148	KNL	51.920	72	446
149	KNL	8.465	42	304
150	KNL	36.544	67	421
151	KNL	15.245	62	368
152	KNL	11.796	51	351
153	KNL	0.870	10	51
154	KNL	5.399	27	271
155	KNL	7.355	26	377
156	PKSM	1.748	19	148
157	PKSM	0.369	5	19
158	PKSM	0.403	7	37
159	PKSM	0.242	4	12
160	PKSM	14.707	45	524
161	PKSM	1.573	11	98
162	PKSM	15.375	20	209
163	PKSM	1.749	14	68
164	PKSM	0.200	9	23
165	PKSM	7.403	40	405
166	PKSM	20.331	56	847
167	PKSM	9.452	34	352
168	PKSM	7.371	29	179
169	PKSM	3.469	25	240
170	PKSM	9.886	40	393
171	PKSM	1.714	15	106
172	PKSM	5.914	28	281

173	PKSM	1.326	23	103
174	PKSM	1.143	18	96
175	PKSM	5.333	28	290

Riqueza de espécies arbóreas

Foi registado um total de 249 espécies de árvores pertencentes a 146 géneros e 54 famílias numa área de 87,5 ha (175 grelhas) de Nallamalais. A riqueza de espécies arbóreas variou de acordo com o gradiente de perturbação em diferentes grelhas. A riqueza média de espécies em Nallamalais é de 35,69 ± 22,16 e varia entre 4-77 espécies. Comparativamente, a riqueza de espécies mais baixa foi registada nas florestas sempre verdes do Parque Nacional de Chandoli, no norte dos Ghats Ocidentais, variando entre 25-57/0,5 ha (Kanade *et al.,* 2008) e, de forma semelhante, 64-82 espécies/ha foram registadas durante o estudo realizado por Parthasarathy (2001).

A riqueza de espécies é maior em Saleswaram (56 L/11 SE4), com 77 espécies, e menor em Masiraju kunta (distrito de Prakasam), com 4 espécies. Destas 175 grelhas, 62 são altamente diversificadas, com mais de 40 espécies, e 13 são pouco diversificadas, com menos de 15 espécies. Em termos de riqueza de espécies, Nallamalais tem um número inferior de espécies em comparação com florestas afromontanas secas semelhantes na Etiópia, com 113 espécies (Alelign *et al.* 2007). As 10 grelhas mais diversificadas são apresentadas de seguida.

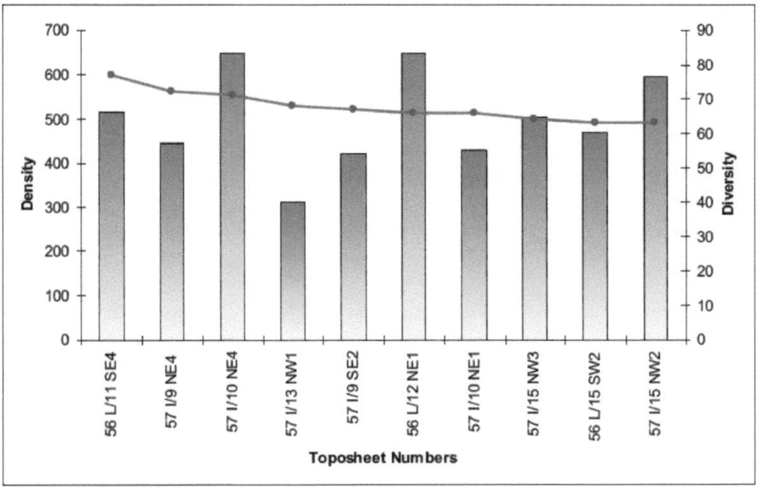

A área do presente estudo apresenta uma riqueza de espécies de 4-77, que foi mais elevada quando comparada com a das florestas semi-verdes dos Ghats Orientais e dos Ghats Ocidentais: Kolli hills 26-56 espécies (Chittibabu e Parthasarathy, 2000), Kalrayan hill 42-47 espécies (Kadavul e Parthasarathy, 1999) e Peninsular India 42 espécies (Parthasarathy e Karthikeyan, 1997). A riqueza de espécies registada no presente estudo é menor quando comparada com a de vários locais dos Ghats Ocidentais, com cerca de 82 espécies ha^{-1} nas florestas de altitude média de Kalakad (Parthasarathy, 1999) e 87 espécies nas florestas de Sal dos Himalaias Orientais (Umashaanker, 2001).

Densidade de árvores por grelha

Um total de 59 319 indivíduos foram registados em 276 transectos de 175 grelhas, sendo o SD médio para a densidade em cada grelha de 338,96 ± 160,76 com uma variação de 8-871 indivíduos. Os pormenores são apresentados no **Quadro 5**. A densidade mais baixa (8 indivíduos) foi registada em 56 P/4 SE4 (G. V. Palli), devido ao elevado pastoreio, às culturas itinerantes e ao facto de as pessoas desta zona dependerem das florestas principalmente para lenha. A densidade mais elevada foi registada em 56 L/16 SW2 (Gajjela konda), porque o solo desta zona é rico em nutrientes e húmus e também porque faz parte da reserva do tigre.

Densidade de árvores por espécie

A densidade mais elevada entre as espécies revelou que *Anogeissus latifolia* (9,37%), seguida de *Chloroxylon swietenia* (8,5%), *Hardwickia binata* (4,18%) e *Terminalia alata* (3,8%), tendo sido registadas 9 espécies únicas. *(Courouptia guianensis, Cyathea spinulosa Euphorbia ligularia, Gliricidia sepium, Grewia abutilifolia, Lepisanthes tetraphylla, Melia azedarach, Shorea roxburghii* e *Tecoma stans*).

Área basal das árvores em função da grelha

A área basal total das grelhas amostradas na área de estudo é de 1728,27 m^2 (**Tabela 5**). O DP médio da área basal das grelhas é de 9,87±8,08 m^2 /0,5ha e varia entre 0,101 e 59,7 m^2 /0,5ha. A grelha 57 I/13 NW2 (Bairlooty) tem a maior área basal 59,7 m^2 /0,5ha devido aos solos negros com mais húmus e a menor 0,101 m^2 /0,5ha em 56 P/4 SE4 (G. V. Palli) devido a uma forte interferência biótica. Embora a área basal seja maior, a densidade da grelha é baixa, com 380 indivíduos, devido à presença de *Terminalia arjuna, Madhuca indica e Mangifera indica selvagem*. Os padrões de diversidade dos sítios de estudo.

Área basal das árvores em função das espécies

A área basal mais elevada (**Quadro 6**) foi registada em *Hardwickia binata* (142,86 m^2), seguida de *Anogeissus latifolia* (113,33 m^2), *Chloroxylon swietenia* (91,11 m^2), *Lannea coromandelica* (71.37 m^2), *Boswellia serrata* (63,391 m^2), *Terminalia alata* (61,45 m^2), *Mangifera indica* (57,446 m^2), *Dalbergia lanceolaria* (45,44 m^2), *Pterocarpus marsupium* (42,48 m^2) e Madhuca indica (39,69 m^2). Estas dez espécies ocuparam 43% da área basal total de todas as espécies. Nath et al. (1998) registaram a predominância de duas espécies, isto é, *Dipterocarpus turbinatus* e *Atrocarpuschaplasha*, que contribuíram com 49% da área basal total (106,1 m^2) na reserva florestal de Sitapahar, nas zonas montanhosas de Chitteagong, no Bangladesh. A área basal mais baixa foi registada em *Grewia abutilifolia* (0,007 m^2), seguida de *Lepisanthes tetraphyllya* (0,008 m^2), *Gliricidia sepium* (0,013 m^2) e *Trema orientalis* (0,015 m^2).

Riqueza arbórea, densidade e área basal em diferentes classes de perímetro

A densidade de árvores e a riqueza de espécies diminuíram consistentemente com o aumento da classe de perímetro das espécies de árvores de 30 a > 240cm gbh. Uma variação óbvia na representação das espécies arbóreas e na proporção das espécies dominantes na área de estudo pode ser diretamente atribuída à distribuição da precipitação e às condições edáficas favoráveis. A classe de perímetro das rosetas de *Bambusa arundinacea* e *Dendrocalamus strictus* não foi tida em conta no presente estudo. A maior densidade de árvores e riqueza de espécies de Nallamalais foram encontradas nas classes de perímetro de 30 a 59 cm gbh e 60 a 89 cm gbh.

TABELA-6: ATRIBUTOS FITOSSOCIOLÓGICOS DAS ÁRVORES EM NALLAMALAIS

S. Não.	Espécies de árvores	TNI	BA	RDom	RD	RF	IVI	A/F
1	*Anogeissus latifolia*	5559	113.335	6.558	9.371	2.466	18.395	0.410
2	*Chloroxylon swietenia*	5076	91.115	5.272	8.557	2.578	16.407	0.343
3	*Hardwickia binata*	2481	142.860	8.266	4.182	1.889	14.338	0.312
4	*Lannea coromandelica*	2244	71.375	4.130	3.783	2.113	10.026	0.225
5	*Terminalia alata*	2304	61.450	3.556	3.884	1.521	8.961	0.447
6	*Boswellia serrata*	1651	63.391	3.668	2.783	1.361	7.812	0.400
7	*Pterocarpus marsupium*	1677	42.485	2.458	2.827	1.745	7.030	0.247
8	*Dalbergia lanceolaria*	1184	45.449	2.630	1.996	1.905	6.531	0.146
9	*Grewia flavescens*	1598	19.833	1.148	2.694	2.177	6.019	0.151
10	*Ziziphus xylopyrus*	1226	18.397	1.064	2.067	2.177	5.309	0.116
11	*Albizia amara*	1096	33.244	1.924	1.848	1.393	5.164	0.253
12	*Madhuca indica*	693	39.692	2.297	1.168	1.217	4.682	0.210
13	*Givotia moluccana*	739	29.955	1.733	1.246	1.601	4.580	0.129

14	*Diospyros melanoxylon*	858	24.522	1.419	1.446	1.649	4.514	0.142
15	*Lagerstroemia parviflora*	933	19.638	1.136	1.573	1.297	4.006	0.249
16	*Cassia fistula*	697	11.236	0.650	1.175	1.937	3.762	0.083
17	*Mangifera indica*	127	57.446	3.324	0.214	0.176	3.714	1.837
18	*Cochlospermum religiosum*	879	13.804	0.799	1.482	1.409	3.689	0.199
19	*Gardenia latifolia*	723	13.325	0.771	1.219	1.665	3.655	0.117
20	*Morinda pubescens*	728	14.169	0.820	1.227	1.489	3.536	0.147
21	*Terminalia bellirica*	388	33.521	1.940	0.654	0.849	3.442	0.242
22	*Tectona grandis*	861	13.075	0.757	1.451	1.201	3.409	0.268
23	*Mundulea sericea*	806	8.141	0.471	1.359	1.537	3.367	0.153
24	*Bridelia cinerascens*	677	14.759	0.854	1.141	1.217	3.212	0.205
25	*Dalbergia paniculata*	542	18.064	1.045	0.914	1.217	3.176	0.164
26	*Phyllanthus emblica*	686	11.442	0.662	1.156	1.329	3.147	0.174
27	*Cleistanthus collinus*	773	17.150	0.992	1.303	0.801	3.096	0.541
28	*Strychnos potatorum*	575	8.889	0.514	0.969	1.553	3.037	0.107
29	*Acácia catechu*	813	11.043	0.639	1.371	1.025	3.034	0.347
30	*Dolichandrone atrovirens*	556	9.525	0.551	0.937	1.361	2.849	0.135
31	*Tamarindus indica*	166	32.148	1.860	0.280	0.544	2.684	0.251
32	*Careya arborea*	437	19.912	1.152	0.737	0.768	2.657	0.332
33	*Wrightia tinctoria*	488	8.872	0.513	0.823	1.313	2.649	0.127
34	*Buchanania axillaris*	495	13.196	0.764	0.834	1.025	2.623	0.211
35	*Schrebera swietenioides*	404	17.386	1.006	0.681	0.913	2.600	0.218
36	*Gardenia gummifera*	508	5.960	0.345	0.856	1.377	2.578	0.120
37	*Ixora pavetta*	458	7.274	0.421	0.772	1.313	2.506	0.119
38	*Holarrhena pubescens*	518	6.394	0.370	0.873	1.185	2.428	0.166
39	*Grewia tiliifolia*	494	7.539	0.436	0.833	1.041	2.310	0.205
40	*Strychnos nux-vomica*	411	8.802	0.509	0.693	1.105	2.307	0.151
41	*Polyalthia cerasoides*	501	8.449	0.489	0.845	0.945	2.278	0.252
42	*Albizia odoratissima*	374	11.622	0.672	0.630	0.929	2.232	0.195
43	*Sterculia urens*	303	12.482	0.722	0.511	0.945	2.178	0.152
44	*Mitragyna parvifolia*	241	15.599	0.903	0.406	0.865	2.173	0.145
45	*Bauhinia racemosa*	312	5.453	0.316	0.526	1.329	2.170	0.079
46	*Ochna obtusata*	496	7.171	0.415	0.836	0.913	2.164	0.267
47	*Terminalia arjuna*	121	29.750	1.721	0.204	0.224	2.150	1.080
48	*Premna tomentosa*	365	5.911	0.342	0.615	1.105	2.062	0.134
49	*Manilkara hexandra*	289	14.933	0.864	0.487	0.688	2.040	0.274
50	*Soymida febrífuga*	356	8.877	0.514	0.600	0.913	2.026	0.192
51	*Deccania pubescens*	388	8.108	0.469	0.654	0.801	1.924	0.272
52	*Bombax ceiba*	121	21.842	1.264	0.204	0.432	1.900	0.290
53	*Buchanania lanzan*	356	9.028	0.522	0.600	0.768	1.891	0.270
54	*Terminalia chebula*	328	8.973	0.519	0.553	0.817	1.889	0.221
55	*Hymenodictyon orixense*	323	12.134	0.702	0.545	0.640	1.887	0.353
56	*Commiphora caudata*	217	14.554	0.842	0.366	0.656	1.864	0.226
57	*Ficus benghalensis*	47	23.844	1.380	0.079	0.304	1.763	0.228
58	*Albizia thompsonii*	275	8.848	0.512	0.464	0.736	1.712	0.227

59	*Wrightia arborea*	363	7.258	0.420	0.612	0.640	1.672	0.397
60	*Bambusa arundinacea*	514	0.000	0.000	0.867	0.752	1.619	0.407
61	*Naringi crenulata*	263	5.455	0.316	0.443	0.849	1.608	0.164
62	*Grewia damine*	465	5.266	0.305	0.784	0.400	1.489	1.302
63	*Cassine glauca*	218	8.535	0.494	0.368	0.608	1.470	0.264
64	*Haldinia cordifolia*	201	7.892	0.457	0.339	0.672	1.468	0.199
65	*Diospyros chloroxylon*	267	6.753	0.391	0.450	0.624	1.465	0.307
66	*Maerua apetala*	251	5.056	0.293	0.423	0.640	1.356	0.275
67	*Albizia lebbeck*	45	18.297	1.059	0.076	0.208	1.343	0.466
68	*Garuga pinnata*	139	12.978	0.751	0.234	0.352	1.337	0.503
69	*Dalbergia latifolia*	217	3.060	0.177	0.366	0.736	1.279	0.179
70	*Erythrina stricta*	223	5.778	0.334	0.376	0.544	1.255	0.338
71	*Erythroxylum monogynum*	194	3.093	0.179	0.327	0.736	1.242	0.160
72	*Canthium dicoccum*	265	3.964	0.229	0.447	0.560	1.236	0.379
73	*Sapindus emarginatus*	190	4.041	0.234	0.320	0.640	1.195	0.208
74	*Ximenia americana*	167	2.357	0.136	0.282	0.736	1.154	0.138
75	*Ceriscoides turgida*	198	2.358	0.136	0.334	0.656	1.127	0.206
76	*Schleichera oleosa*	117	9.370	0.542	0.197	0.384	1.124	0.355
77	*Eriolaena hookeriana*	196	2.990	0.173	0.330	0.560	1.064	0.280
78	*Erythrina suberosa*	212	5.372	0.311	0.357	0.320	0.988	0.928
79	*Aegle marmelos*	155	2.991	0.173	0.261	0.512	0.947	0.265
80	*Euphorbia antiquorum*	176	3.776	0.218	0.297	0.416	0.931	0.456
81	*Gardenia resinífera*	143	1.912	0.111	0.241	0.576	0.928	0.193
82	*Alangium salvifolium*	134	3.003	0.174	0.226	0.528	0.928	0.215
83	*Dillenia pentagyna*	94	9.062	0.524	0.158	0.208	0.891	0.973
84	*Gyrocarpus americanus*	124	4.617	0.267	0.209	0.384	0.860	0.377
85	*Holoptelea integrifolia*	76	7.550	0.437	0.128	0.288	0.853	0.410
86	*Semecarpus anacardium*	158	4.148	0.240	0.266	0.304	0.811	0.766
87	*Limonia acidissima*	98	4.777	0.276	0.165	0.368	0.810	0.324
88	*Azadirachta indica*	108	2.384	0.138	0.182	0.432	0.752	0.259
89	*Ficus religiosa*	19	9.738	0.563	0.032	0.144	0.740	0.410
90	*Butea monosperma*	83	5.350	0.310	0.140	0.288	0.738	0.448
91	*Drypetes sepiaria*	108	3.954	0.229	0.182	0.320	0.731	0.473
92	*Dendrocalamus strictus*	186	0.000	0.000	0.314	0.416	0.730	0.482
93	*Nyctanthes arbor-tristis*	133	1.551	0.090	0.224	0.400	0.714	0.372
94	*Syzygium cumini*	64	4.912	0.284	0.108	0.288	0.680	0.346
95	*Ficus racemosa*	15	8.927	0.517	0.025	0.128	0.670	0.410
96	*Cordia macleodii*	108	1.984	0.115	0.182	0.368	0.665	0.357
97	*Manilkara roxburghiana*	106	4.970	0.288	0.179	0.176	0.642	1.533
98	*Firmiana colorata*	120	3.273	0.189	0.202	0.240	0.632	0.933
99	*Pongamia pinnata*	88	3.481	0.201	0.148	0.272	0.622	0.533
100	*Atalantia monophylla*	114	1.895	0.110	0.192	0.240	0.542	0.887
101	*Ficus mollis*	38	4.561	0.264	0.064	0.208	0.536	0.393
102	*Ehretia aspera*	92	1.745	0.101	0.155	0.272	0.528	0.557
103	*Naringi alata*	111	1.667	0.096	0.187	0.240	0.524	0.863

104	*Gmelina arborea*	72	2.535	0.147	0.121	0.240	0.508	0.560
105	*Dolichandrone falcata*	81	1.718	0.099	0.137	0.272	0.508	0.490
106	*Casearia graveolens*	117	1.768	0.102	0.197	0.208	0.508	1.212
107	*Ailanthus excelsa*	40	6.214	0.360	0.067	0.080	0.507	2.800
108	*Stereospermum personatum*	84	1.221	0.071	0.142	0.288	0.500	0.454
109	*Bridelia airy-shawii*	77	1.864	0.108	0.130	0.256	0.494	0.526
110	*Eriolaena lushingtonii*	102	1.628	0.094	0.172	0.208	0.474	1.056
111	*Melia dubia*	41	4.015	0.232	0.069	0.128	0.429	1.121
112	*Kydia calycina*	92	1.622	0.094	0.155	0.176	0.425	1.331
113	*Mallotus rhamnifolius*	70	1.107	0.064	0.118	0.240	0.422	0.544
114	*Pterospermum xylocarpum*	55	1.040	0.060	0.093	0.256	0.409	0.376
115	*Sapium insigne*	52	1.871	0.108	0.088	0.208	0.404	0.538
116	*Acácia leucófila*	74	1.023	0.059	0.125	0.192	0.376	0.899
117	*Syzygium alternifolium*	101	1.705	0.099	0.170	0.096	0.365	4.910
118	*Flacourtia ramontchi*	55	0.709	0.041	0.093	0.224	0.358	0.491
119	*Terminalia pallida*	65	1.723	0.100	0.110	0.128	0.337	1.777
120	*Ochna obtusata var. jogo*	69	0.857	0.050	0.116	0.144	0.310	1.491
121	*Prosopis chilensis*	39	0.711	0.041	0.066	0.192	0.299	0.474
122	*Cordia wallichii*	47	0.722	0.042	0.079	0.176	0.297	0.680
123	*Ziziphus mauritiana*	52	0.795	0.046	0.088	0.160	0.294	0.910
124	*Mallotus philippensis*	48	1.328	0.077	0.081	0.128	0.286	1.313
125	*Cordia dichotoma*	31	0.951	0.055	0.052	0.176	0.283	0.448
126	*Premna latifolia var. mollissima*	38	0.434	0.025	0.064	0.192	0.281	0.462
127	*Pterocarpus santalinus*	66	1.762	0.102	0.111	0.064	0.277	7.219
128	*Vitex leucoxylon*	29	1.631	0.094	0.049	0.128	0.271	0.793
129	*Bauhinia malabarica*	28	1.351	0.078	0.047	0.128	0.253	0.766
130	*Morinda angustifolia*	54	0.977	0.057	0.091	0.096	0.244	2.625
131	*Desmodium oojeinensis*	44	0.988	0.057	0.074	0.112	0.243	1.571
132	*Capparis grandis*	31	0.472	0.027	0.052	0.160	0.240	0.543
133	*Ziziphus glabrata*	43	0.641	0.037	0.072	0.096	0.206	2.090
134	*Anogeissus acuminata*	58	1.284	0.074	0.098	0.032	0.204	25.375
135	*Moringa concanensis*	18	1.296	0.075	0.030	0.096	0.201	0.875
136	*Cissus vitiginea*	22	0.285	0.016	0.037	0.144	0.198	0.475
137	*Sterculia villosa*	34	0.745	0.043	0.057	0.096	0.196	1.653
138	*Wendlandia tinctoria*	40	0.558	0.032	0.067	0.096	0.196	1.944
139	*Murraya koenigii*	23	0.221	0.013	0.039	0.144	0.196	0.497
140	*Miliusa tomentosa*	33	0.458	0.027	0.056	0.112	0.194	1.179
141	*Ficus hispida*	22	0.426	0.025	0.037	0.128	0.190	0.602
142	*Ficus virens*	10	0.992	0.057	0.017	0.112	0.186	0.357
143	*Balanites aegyptiaca*	38	0.451	0.026	0.064	0.096	0.186	1.847
144	*Memecylon edule*	51	1.138	0.066	0.086	0.032	0.184	22.313
145	*Ficus arnottiana*	16	0.464	0.027	0.027	0.128	0.182	0.438
146	*Oroxylum indicum*	22	0.517	0.030	0.037	0.112	0.179	0.786

147	*Vitex pinnata*	17	0.926	0.054	0.029	0.096	0.178	0.826
148	*Phyllanthus polyphyllus*	33	0.382	0.022	0.056	0.096	0.174	1.604
149	*Vitex altissima*	7	1.379	0.080	0.012	0.080	0.172	0.490
150	*Ficus microcarpa*	16	0.822	0.048	0.027	0.096	0.171	0.778
151	*Stereospermum suaveolens*	19	0.643	0.037	0.032	0.096	0.165	0.924
152	*Bauhinia purpurea*	21	1.878	0.109	0.035	0.016	0.160	36.750
153	*Memecylon umbellatum*	29	0.529	0.031	0.049	0.080	0.160	2.030
154	*Pterospermum canescens*	9	1.848	0.107	0.015	0.032	0.154	3.938
155	*Ehretia laevis*	26	0.445	0.026	0.044	0.080	0.150	1.820
156	*Tamilnadia uliginosa*	33	0.462	0.027	0.056	0.064	0.146	3.609
157	*Casearia tomentosa*	30	0.548	0.032	0.051	0.064	0.146	3.281
158	*Albizia procera*	28	0.580	0.034	0.047	0.064	0.145	3.063
159	*Polyalthia suberosa*	22	0.753	0.044	0.037	0.064	0.145	2.406
160	*Ficus rumphii*	8	0.734	0.042	0.013	0.080	0.136	0.560
161	*Euphorbia tortillis*	18	0.578	0.033	0.030	0.064	0.128	1.969
162	*Pavetta indica*	12	0.101	0.006	0.020	0.096	0.122	0.583
163	*Streblus asper*	14	0.448	0.026	0.024	0.064	0.114	1.531
164	*Glochidion zeylanicum*	13	0.835	0.048	0.022	0.032	0.102	5.688
165	*Euphorbia nivulia*	12	0.298	0.017	0.020	0.064	0.102	1.313
166	*Ceiba pentandra*	7	0.425	0.025	0.012	0.064	0.100	0.766
167	*Celtis philippensis*	14	0.490	0.028	0.024	0.048	0.100	2.722
168	*Cordia evolutior*	17	0.221	0.013	0.029	0.048	0.089	3.306
169	*Fénix sylvestris*	9	0.169	0.010	0.015	0.064	0.089	0.984
170	*Suregada angustifolia*	16	0.180	0.010	0.027	0.048	0.085	3.111
171	*Ficus tinctoria*	13	0.242	0.014	0.022	0.048	0.084	2.528
172	*Acácia nilótica*	11	0.275	0.016	0.019	0.048	0.083	2.139
173	*Santalum album*	8	0.061	0.004	0.013	0.064	0.081	0.875
174	*Boswellia ovalifoliolata*	8	0.296	0.017	0.013	0.048	0.079	1.556
175	*Senna siamea*	12	0.443	0.026	0.020	0.032	0.078	5.250
176	*Albizia chinensis*	9	0.252	0.015	0.015	0.048	0.078	1.750
177	*Glochidion tomentosa*	16	0.317	0.018	0.027	0.032	0.077	7.000
178	*Ehretia pubescens*	9	0.231	0.013	0.015	0.048	0.077	1.750
179	*Antidesma ghaesembilla*	16	0.298	0.017	0.027	0.032	0.076	7.000
180	*Phyllanthus indofischeri*	10	0.187	0.011	0.017	0.048	0.076	1.944
181	*Hibiscus platanifolius*	18	0.218	0.013	0.030	0.032	0.075	7.875
182	*Bridelia crenulata*	16	0.252	0.015	0.027	0.032	0.074	7.000
183	*Drypetes roxburghii*	12	0.297	0.017	0.020	0.032	0.069	5.250
184	*Chukrasia tabularis*	6	0.171	0.010	0.010	0.048	0.068	1.167
185	*Saraca asoca*	10	0.358	0.021	0.017	0.016	0.054	17.500
186	*Bauhinia tomentosa*	6	0.149	0.009	0.010	0.032	0.051	2.625
187	*Borassus flabellifer*	6	0.142	0.008	0.010	0.032	0.050	2.625
188	*Eucalipto globulus*	5	0.158	0.009	0.008	0.032	0.050	2.188
189	*Jatropha curcas*	7	0.095	0.006	0.012	0.032	0.049	3.063
190	*Radermachera xylocarpa*	5	0.108	0.006	0.008	0.032	0.047	2.188
191	*Caryota urens*	2	0.456	0.026	0.003	0.016	0.046	3.500

192	*Prosopis cineraria*	5	0.084	0.005	0.008	0.032	0.045	2.188
193	*Wendlandia gamblei*	5	0.057	0.003	0.008	0.032	0.044	2.188
194	*Dolichandrone falcata*	4	0.085	0.005	0.007	0.032	0.044	1.750
195	*Maba buxifolia*	3	0.103	0.006	0.005	0.032	0.043	1.313
196	*Cleistanthus patulus*	9	0.169	0.010	0.015	0.016	0.041	15.750
197	*Allophyllus cobbe*	4	0.036	0.002	0.007	0.032	0.041	1.750
198	*Crateva magna*	11	0.099	0.006	0.019	0.016	0.040	19.250
199	*Pittosporum nepaulense*	9	0.151	0.009	0.015	0.016	0.040	15.750
200	*Dalbergia sissoo*	5	0.259	0.015	0.008	0.016	0.039	8.750
201	*Walsura trifolia*	7	0.158	0.009	0.012	0.016	0.037	12.250
202	*Grewia bracteata*	2	0.026	0.002	0.003	0.032	0.037	0.875
203	*Cordia monoica*	2	0.017	0.001	0.003	0.032	0.036	0.875
204	*Glochidion velutinum*	7	0.132	0.008	0.012	0.016	0.035	12.250
205	*Ficus talbotii*	3	0.212	0.012	0.005	0.016	0.033	5.250
206	*Streblus taxoides*	7	0.084	0.005	0.012	0.016	0.033	12.250
207	*Ficus amplissima*	2	0.215	0.012	0.003	0.016	0.032	3.500
208	*Eucalipto camadulensis*	3	0.177	0.010	0.005	0.016	0.031	5.250
209	*Artocarpus heterophyllus*	3	0.162	0.009	0.005	0.016	0.030	5.250
210	*Wendlandia bicuspidata*	6	0.074	0.004	0.010	0.016	0.030	10.500
211	*Citrus sinensis*	6	0.063	0.004	0.010	0.016	0.030	10.500
212	*Wendlandia glabrata*	5	0.086	0.005	0.008	0.016	0.029	8.750
213	*Acácia polyacantha*	4	0.102	0.006	0.007	0.016	0.029	7.000
214	*Acácia ferrugínea*	4	0.089	0.005	0.007	0.016	0.028	7.000
215	*Ficus tasjakela*	3	0.115	0.007	0.005	0.016	0.028	5.250
216	*Macaranga peltata*	4	0.075	0.004	0.007	0.016	0.027	7.000
217	*Celtis trimorensis*	4	0.070	0.004	0.007	0.016	0.027	7.000
218	*Glycosmis pentaphylla*	5	0.040	0.002	0.008	0.016	0.027	8.750
219	*Dolichandrone arcuata*	4	0.065	0.004	0.007	0.016	0.027	7.000
220	*Terminalia coriacea*	4	0.057	0.003	0.007	0.016	0.026	7.000
221	*Suregada multiflora*	4	0.056	0.003	0.007	0.016	0.026	7.000
222	*Acácia auriculiforme*	4	0.047	0.003	0.007	0.016	0.025	7.000
223	*Annona squamosa*	4	0.032	0.002	0.007	0.016	0.025	7.000
224	*Vitex peduncularis*	3	0.053	0.003	0.005	0.016	0.024	5.250
225	*Cascabela thevetia*	3	0.044	0.003	0.005	0.016	0.024	5.250
226	*Aglaia elaeagnoidea*	3	0.040	0.002	0.005	0.016	0.023	5.250
227	*Pleurostylia opposita*	3	0.034	0.002	0.005	0.016	0.023	5.250
228	*Parkinsonia aculeata*	3	0.025	0.001	0.005	0.016	0.022	5.250
229	*Senna surattensis*	3	0.025	0.001	0.005	0.016	0.022	5.250
230	*Meyna spinosa*	3	0.025	0.001	0.005	0.016	0.022	5.250
231	*Chionanthus macrophylla*	2	0.046	0.003	0.003	0.016	0.022	3.500
232	*Cipadessa baccifera*	2	0.042	0.002	0.003	0.016	0.022	3.500
233	*Melia azedarach*	1	0.056	0.003	0.002	0.016	0.021	1.750
234	*Antidesma zeylanica*	2	0.026	0.002	0.003	0.016	0.021	3.500
235	*Cordia gharaf*	2	0.020	0.001	0.003	0.016	0.021	3.500
236	*Deccania pubescens var.*	2	0.017	0.001	0.003	0.016	0.020	3.500

	candolleana							
237	*Litsea glutinosa*	2	0.017	0.001	0.003	0.016	0.020	3.500
238	*Wendlandia heynei*	2	0.017	0.001	0.003	0.016	0.020	3.500
239	*Capparis divaricata*	2	0.015	0.001	0.003	0.016	0.020	3.500
240	*Pavetta tomentosa*	2	0.015	0.001	0.003	0.016	0.020	3.500
241	*Trema orientalis*	2	0.015	0.001	0.003	0.016	0.020	3.500
242	*Courouptia guianensis*	1	0.035	0.002	0.002	0.016	0.020	1.750
243	*Euphorbia ligularia*	1	0.033	0.002	0.002	0.016	0.020	1.750
244	*Cyathea spinulosa*	1	0.031	0.002	0.002	0.016	0.019	1.750
245	*Shorea roxburghii*	1	0.018	0.001	0.002	0.016	0.019	1.750
246	*Gliricidia sepium*	1	0.013	0.001	0.002	0.016	0.018	1.750
247	*Lepisanthes tetraphylla*	1	0.008	0.000	0.002	0.016	0.018	1.750
248	*Grewia abutilifolia*	1	0.007	0.000	0.002	0.016	0.018	1.750
249	*Tecoma stans*	1	0.007	0.000	0.002	0.016	0.018	1.750

A contribuição da densidade de árvores de classe de perímetro inferior (30-59 cm gbh) entre os povoamentos florestais é de 77% e a área basal cobre 37,61%, enquanto a densidade de classe de perímetro médio (120-149 cm gbh) cobre 1,01% com uma área basal de 4,71%. A densidade da classe de perímetro alto (150-179, 180-209, 210-239 e > 240cm gbh) é de 1,18% com uma área basal de 22,11%. Todas as espécies arbóreas de Nallamalais estão distribuídas em várias classes de perímetro, o que representa a estrutura em forma de J invertido, o que indica uma boa regeneração das espécies arbóreas com a natureza não perturbada das florestas. Do mesmo modo, Kanade *et al.* (2008) registaram a estrutura em forma de L ou em forma de J invertido para a distribuição das classes de perímetro das espécies no parque nacional de Chandoli.

Índice de Valor de Importância

A Tabela 6 apresenta o Índice de Valor de Importância calculado para os taxa de árvores encontrados na área de estudo. *Anogeissus latifolia* é a espécie mais dominante (IVI=18,39; ocupa 6,13% do total de espécies arbóreas), seguida de *Chloroxylon swietenia* (IVI=16,4; 5,46%), *Hardwickia binata* (IVI=14,33; 4,77%), *Lannea coromandelica* (IVI=10,02; 3.34%), *Terminalia alata* (IVI=8,96; 2,98%), *Boswellia serrata* (IVI=7,81; 2,6%), *Pterocarpus marsupium* (IVI=7,03; 2,34%), *Dalbergia lanceolaria* (IVI=6,53; 2,17%), *Grewia flavescens* (IVI=6,01; 2%) e *Ziziphus xylopyrus* (IVI=5,3; 1,76%).

Observa-se que as dez principais espécies arbóreas dominantes partilharam quase 34% dos valores totais de IVI da área de estudo, tal como também se observou na floresta seca nas colinas de Vindhyan (Sagar *et al.*, 2003), que poucas espécies arbóreas dominantes evoluíram para estas condições secas e podem utilizar os recursos de uma forma melhor. O valor mais elevado do IVI indica que todos os recursos disponíveis estão a ser utilizados por essa espécie e que os remanescentes estão a ser capturados por outras espécies como concorrentes e associados. O IVI elevado de uma espécie indica a sua dominância e sucesso ecológico, o seu bom poder de regeneração e maior amplitude ecológica (Bhandari *et al.*, 1999). *A Anogeissus latifolia* apresentou valores máximos de IVI em todas as grelhas e, por conseguinte, emergiu como espécie dominante do ecossistema. A baixa dominância é registada com *Soymida febrifuga* (IVI=2,02) seguida por Manilkara hexandra (IVI=2,04), *Premna tomentosa* (IVI=2,06), *Terminalia arjuna* (IVI=2,15), *Ochna obtusata* (IVI=2.16), *Bauhinia racemosa* (IVI=2.17), *Mitragyna parvifolia* (IVI=2.17), *Sterculiaurens* (IVI=2.17), *Albizia odoratissima* (IVI=2.23) e *Polyalthia cerasoides* (IVI=2.27). Observa-se que as dez espécies de árvores pouco dominantes partilharam quase 8% dos valores totais de IVI da área de estudo.

Importância da família Índice de valor

A Tabela 7 apresenta o FIV cumulativo da área de estudo. Euphorbiaceae representada por 27 espécies (11%) é altamente diversificada, seguida por Rubiaceae 21 espécies (8,4%), Moraceae 16 espécies (6,4%), F-Mimosoideae 14 espécies (5,6%) com 3 géneros, F-Faboideae 13 espécies (5,2%) com 8 géneros, F-Caesalpinioideae 11 espécies (4,4%) e Cordiaceae 9 espécies (3,6%). Levando em consideração o FIV, Combretaceae parece mais dominante que Euphorbiaceae. O FIV é independente da riqueza de espécies, mas depende da alta densidade das espécies e da sua área basal. Embora Combretaceae seja representada por 8 espécies, mas devido à sua grande gbh (250m^2) e alta densidade (8.827 indivíduos), ela ficou em primeiro lugar com um alto FIV de 32,56, seguida por Euphorbiaceae (22.2), F-Caesalpinioideae e F-Faboideae (22), Rubiaceae (21,6), Anacardiaceae (16,6), Mimosaceae (15,2), Flindersiaceae (14,2), Burseraceae (10,2) e Moraceae (9,8).

TABELA-7 ÍNDICE DO VALOR DA IMPORTÂNCIA DA FAMÍLIA

S. Não.	Família	Spp.	TNI	BA	RD	RDIV	RDOM	FIV
1	Combretáceas	8	8827	250.092	14.881	3.213	14.471	32.564
2	Euphorbiaceae	27	3602	91.416	6.072	10.843	5.289	22.205
3	Fabaceae-Caesalpinioideae	11	3739	195.925	6.303	4.418	11.336	22.057

4	Fabaceae-Faboideae	13	5148	140.202	8.679	5.221	8.112	22.012
5	Rubiáceas	22	4340	95.084	7.316	8.835	5.502	21.653
6	Anacardiaceae	5	3380	155.193	5.698	2.008	8.980	16.686
7	Fabaceae-Mimosoideae	14	2781	86.218	4.688	5.622	4.989	15.299
8	Flindersiaceae	1	5076	91.115	8.557	0.402	5.272	14.231
9	Burseraceae	4	2015	91.218	3.397	1.606	5.278	10.281
10	Moráceas	16	236	51.985	0.398	6.426	3.008	9.831
11	Tiliaceae	5	2560	32.671	4.316	2.008	1.890	8.214
12	Verbnáceas	8	1392	25.944	2.347	3.213	1.501	7.061
13	Sapotáceas	3	1088	59.596	1.834	1.205	3.448	6.487
14	Bignoniaceae	9	776	13.889	1.308	3.614	0.804	5.726
15	Sterculiaceae	7	819	24.006	1.381	2.811	1.389	5.581
16	Rutáceas	8	775	17.109	1.306	3.213	0.990	5.509
17	Apocináceas	4	1372	22.567	2.313	1.606	1.306	5.225
18	Meliáceas	8	524	15.744	0.883	3.213	0.911	5.007
19	Ebenáceas	3	1128	31.378	1.902	1.205	1.816	4.922
20	Rhamnaceae	3	1321	19.833	2.227	1.205	1.148	4.579
21	Cordiaceae	9	334	6.337	0.563	3.614	0.367	4.544
22	Loganiaceae	2	986	17.692	1.662	0.803	1.024	3.489
23	Anonáceas	4	560	9.692	0.944	1.606	0.561	3.111
24	Lythraceae	1	933	19.638	1.573	0.402	1.136	3.111
25	Sapindáceas	4	312	13.456	0.526	1.606	0.779	2.911
26	Lecythidaceae	2	438	19.947	0.738	0.803	1.154	2.696
27	Cochlospermaceae	1	879	13.804	1.482	0.402	0.799	2.682
28	Oleáceas	2	406	17.431	0.684	0.803	1.009	2.496
29	Capparáceas	4	295	5.642	0.497	1.606	0.326	2.430
30	Bombáceas	2	128	22.267	0.216	0.803	1.288	2.307
31	Myrtaceae	4	173	6.951	0.292	1.606	0.402	2.300
32	Ulmáceas	4	96	8.125	0.162	1.606	0.470	2.238
33	Ochnaceae	2	565	8.028	0.952	0.803	0.465	2.220
34	Poaceae	2	700	0.000	1.180	0.803	0.000	1.983
35	Flacoutiaceae	3	202	3.025	0.341	1.205	0.175	1.720
36	Celastraceae	2	221	8.570	0.373	0.803	0.496	1.672
37	Arecaceae	3	17	0.767	0.029	1.205	0.044	1.278
38	Malvaceae	2	110	1.840	0.185	0.803	0.106	1.095
39	Dilleniaceae	1	94	9.062	0.158	0.402	0.524	1.084
40	Melastomataceae	2	80	1.666	0.135	0.803	0.096	1.034
41	Erythroxylaceae	1	194	3.093	0.327	0.402	0.179	0.908
42	Hernandiaceae	1	124	4.617	0.209	0.402	0.267	0.878
43	Simaroubaceae	1	40	6.214	0.067	0.402	0.360	0.829
44	Olacaceae	1	167	2.357	0.282	0.402	0.136	0.820
45	Alangiaceae	1	134	3.003	0.226	0.402	0.174	0.801
46	Nyctaginaceae	1	133	1.551	0.224	0.402	0.090	0.716
47	Moringaceae	1	18	1.296	0.030	0.402	0.075	0.507
48	Balanitaceae	1	38	0.451	0.064	0.402	0.026	0.492

49	Vitaceae	1	22	0.285	0.037	0.402	0.016	0.455
50	Pittosporaceae	1	9	0.151	0.015	0.402	0.009	0.426
51	Santalaceae	1	8	0.061	0.013	0.402	0.004	0.419
52	Lauraceae	1	2	0.017	0.003	0.402	0.001	0.406
53	Cyatheaceae	1	1	0.031	0.002	0.402	0.002	0.405
54	Dipterocarpaceae	1	1	0.018	0.002	0.402	0.001	0.404

Euphorbiaceae e Rubiaceae, apesar da sua elevada riqueza de espécies, não têm um valor FIV elevado devido à sua menor densidade e áreas basais mais baixas. Rubiaceae, Ebenaceae e Sterculiaceae constituíram as famílias de plantas predominantes por densidade nas florestas costeiras (Parthasarathy & Karthikeyan, 1997). Na escala de 1 hectare, a riqueza de famílias de diferentes florestas tropicais variava muito (Heany & Proctor 1990) e foram encontrados 14 - 31 ha^{-1} nas seis parcelas que foram registadas na floresta tropical baixa do México (Bongers *et al.,* 1985). A riqueza de famílias por 0,1 ha nas florestas de Nallamalais varia de 31 a 35 famílias (Shali Saheb, 2008), o mesmo acontecendo com 0,5 ha no presente estudo. Nove famílias tinham apenas duas espécies, o que representa 7,22% do total de espécies, enquanto 18 famílias (7,22%) tinham uma única espécie em todas as florestas.

Cinco famílias Combretaceae (8827 indivíduos, 14,88%) Fabaceae (5148, 8,67%), Flindersiaceae (5076, 8,55%), Rubiaceae (4340, 7,31%) e Caesalpiniaceae (3739, 6,3%) foram abundantes em termos de densidade, contribuindo com cerca de 51,80% do povoamento florestal. As Melastomataceae (22%), Oleaceae (26%) e Lauraceae (28%) constituíam a maior parte da população arbórea nas colinas de Kolli, nas colinas de Shervarayan dos Ghats Orientais e na floresta de Kalakad, respetivamente (Parthasarathy 1999). As florestas eram dominadas por diferentes espécies de árvores em diferentes estudos: *Peltogyne gracilipes* (Caesalpiniaceae) na Ilha de Maracá, Brasil (Nascimento *et al.,1997), Memecylon umbellatum* (Melastomataceae) em Pudukottai, Índia (Mani & Parthasarathy 2005). Dipterocarpaceae é a família dominante na Malásia (Manokaran *et al.,* 1991; Whitmore 1984).

Padrão de distribuição

O valor de A/F para todos os taxa arbóreos de Nallamalais é superior a >0,05, o que representa que todas as espécies de plantas apresentam um padrão de dispersão do tipo contagioso ou agrupado (**Quadro 6**). A distribuição contagiosa é comum em florestas naturais, como observado por Tiwari e Singh (1985). Apenas *a*

Commiphora caudata apresentou uma dispersão aleatória, enquanto todas as outras espécies apresentaram uma distribuição contagiosa nas colinas de Pacchaimalai de Easten Ghats em Tamil Nadu (Soosairaj *et al.*, 2003).

Índice de dominância e diversidade das espécies arbóreas

A dominância das espécies (índice de Simpson) representa a média SD de 0,91 ± 0,052. O valor mais elevado, 0,979, foi observado em 57 M/1 SW2 (Marla konda), seguido de 0,976 em 57 I/10 NE4 (Gundlabrahmeswaram) e 0,973 em 56 L/16 SW2 (Gajjela konda). O valor mais baixo foi de 0,675 em Laddi konda (57 M/1 NE2), seguido de 0,717 em Gurrapasala (57 M/1 NE3), 0,722 em Masirajkunta (57 M/1 NE4) e 0,728 em Domalapenta (56 L/16 SE1). O índice de uniformidade foi de cerca de 0,65 ± 0,51 e varia de 0,96 em 57 I/10 NW3 (reservatório de Velgode) a 0,289 em 56 L/16 SE1 (Domalapenta). Os índices de diversidade de espécies em Nallamalais variaram muito entre as grelhas, influenciados pelo nível de perturbação. O índice de Shannon-Wiener para os taxa arbóreos em 175 grelhas tem um DP médio de 3,01 ± 0,51, sendo o valor mais elevado de 3,96 observado em 57 I/10 NE4 (Gundlabrahmeswaram), seguido de 3,94 em 57 M/1 SW2 (Marla konda) e 3,88 em 56 L/12 NE1 (Pullayapalle). O valor mais baixo é 1,3 em Laddi konda (57 M/1 NE2), seguido de 1,33 em Masirajkunta (57 M/1 NE4), 1,49 em G. V. palle (56 P/4 SE4) e 1,56 em Gurrapasala (57 M/1 NE3).

CAPÍTULO 7. CONSERVAÇÃO DAS ÁRVORES DE NALLAMALAIS

POTENCIAL DE REGENERAÇÃO DAS ÁRVORES

Um total de 15 051 indivíduos em regeneração foram registados em 552 parcelas de regeneração de 5x5m nas grelhas amostradas em Nallamalais. Estes incluem 3.547 indivíduos na classe 0-40cm; 3.257indivíduos na classe 41-100cm; 4238 indivíduos na classe > 100cm e com < 10cm gbh; 4009 indivíduos na classe 1030cm gbh. Estes indivíduos pertencem a 157 espécies, compreendendo 63% do total de espécies arbóreas registadas nas grelhas amostradas. Considerando o IVI das espécies em regeneração, *Chloroxylon swietenia apresenta* um bom potencial de regeneração com um máximo de 2223 indivíduos em 133 parcelas de regeneração (IVI 91,2). **Segue-se** a *Anogeissus latifolia* com 1433 indivíduos em 121 parcelas (IVI 79); *Grewia flavescens* com 1203 indivíduos em 100 parcelas (IVI 65,4); *Ziziphus xylopyrus* com 397 indivíduos em 75 parcelas (IVI 45.7); *Pterocarpus marsupium* com 624 indivíduos em 66 parcelas (IVI 42); *Mundulea sericea* com 619 indivíduos em 66 parcelas (IVI 42); *Hardwickia binata* com 714 indivíduos em 64 parcelas (IVI 41,5); *Terminalia alata* com 542 indivíduos em 53 parcelas (IVI 34); *Holarrhena pubescens* com 502 indivíduos em 46 parcelas (IVI 29,7) e *Tectona grandis* com 355 indivíduos em 39 parcelas (IVI 24,7).

As 10 principais espécies de árvores dominantes com valores de IVI elevados na área de estudo, *Anogeissus latifolia, Hardwickia binata, Terminalia alata, Pterocarpus marsupium, Grewia flavescens, Ziziphus xylopyrus, Lannea coromandelica, Boswellia serrata* e *Dalbergia lanceolaria registaram* classificações diferentes, numa perspetiva de regeneração **(Quadro 8)**. Poucas árvores como *Bauhinia malabarica, Ceiba pentandra* e *Limonia* acidissima estão registadas com apenas um indivíduo (IVI 0,58), seguidas de *Boswellia ovalifoliolata, Ehretia aspera, Euphorbia nivulia, Firmiana colorata, Haldinia cordifolia, Morinda pubescens* e *Desmodium oojeinensis* com 2 indivíduos (IVI 0,59). Estas árvores com fraco potencial de regeneração são susceptíveis de serem vulneráveis a qualquer perturbação natural ou antropogénica. Isto está de acordo com as observações feitas por Cunningham & Saigo (1999) de que as espécies com apenas um indivíduo são altamente vulneráveis, uma vez que uma população local composta por poucos indivíduos pode sofrer um declínio catastrófico devido a alterações ambientais, problemas genéticos ou simples acontecimentos aleatórios quando isolada numa área geográfica limitada.

TABELA-8: ÁRVORES REGISTADAS COM POTENCIAL DE REGENERAÇÃO

S. Não.	Nome do táxon	Ocorrência em cintas	TNI	RD	RF	IVI
1	*Chloroxylon swietenia*	133	2223	14.77	76.44	91.21
2	*Anogeissus latifolia*	121	1433	9.52	69.54	79.06
3	*Grewia flavescens*	100	1203	7.99	57.47	65.46
4	*Ziziphus xylopyrus*	75	397	2.64	43.10	45.74
5	*Pterocarpus marsupium*	66	624	4.15	37.93	42.08
6	*Mundulea sericea*	66	619	4.11	37.93	42.04
7	*Hardwickia binata*	64	714	4.74	36.78	41.53
8	*Terminalia alata*	53	542	3.60	30.46	34.06
9	*Holarrhena pubescens*	46	502	3.34	26.44	29.77
10	*Tectona grandis*	39	355	2.36	22.41	24.77
11	*Dalbergia lanceolaria*	37	180	1.20	21.26	22.46
12	*Boswellia serrata*	37	168	1.12	21.26	22.38
13	*Ochna obtusata*	34	276	1.83	19.54	21.37
14	*Lannea coromandelica*	35	150	1.00	20.11	21.11
15	*Cochlospermum religiosum*	34	191	1.27	19.54	20.81
16	*Acácia catechu*	33	275	1.83	18.97	20.79
17	*Gardenia gummifera*	33	153	1.02	18.97	19.98
18	*Albizia amara*	33	139	0.92	18.97	19.89
19	*Lagerstroemia parviflora*	31	257	1.71	17.82	19.52
20	*Cleistanthus collinus*	29	276	1.83	16.67	18.50
21	*Phyllanthus emblica*	30	111	0.74	17.24	17.98
22	*Diospyros melanoxylon*	28	226	1.50	16.09	17.59
23	*Erythroxylum monogynum*	28	101	0.67	16.09	16.76
24	*Grewia tiliifolia*	27	115	0.76	15.52	16.28
25	*Bridelia cinerascens*	27	91	0.60	15.52	16.12
26	*Ixora pavetta*	26	112	0.74	14.94	15.69
27	*Morinda pubescens*	26	89	0.59	14.94	15.53
28	*Gardenia latifolia*	24	76	0.50	13.79	14.30
29	*Madhuca indica*	23	112	0.74	13.22	13.96
30	*Bambusa arundinacea*	22	131	0.87	12.64	13.51
31	*Dalbergia latifolia*	21	106	0.70	12.07	12.77
32	*Dolichandrone atrovirens*	21	86	0.57	12.07	12.64

33	*Cassia fistula*	21	46	0.31	12.07	12.37
34	*Eriolaena hookeriana*	19	114	0.76	10.92	11.68
35	*Grewia damine*	19	104	0.69	10.92	11.61
36	*Givotia moluccana*	19	61	0.41	10.92	11.32
37	*Polyalthia cerasoides*	17	80	0.53	9.77	10.30
38	*Wrightia tinctoria*	17	57	0.38	9.77	10.15
39	*Schrebera swietenioides*	17	55	0.37	9.77	10.14
40	*Soymida febrifuga*	16	77	0.51	9.20	9.71
41	*Sterculia urens*	16	59	0.39	9.20	9.59
42	*Strychnos nux-vomica*	15	64	0.43	8.62	9.05
43	*Strychnos potatorum*	13	68	0.45	7.47	7.92
44	*Careya arborea*	13	50	0.33	7.47	7.80
45	*Buchanania lanzan*	13	41	0.27	7.47	7.74
46	*Manilkara hexandra*	12	48	0.32	6.90	7.22
47	*Naringi crenulata*	12	44	0.29	6.90	7.19
48	*Dalbergia paniculata*	12	37	0.25	6.90	7.14
49	*Bauhinia racemosa*	12	34	0.23	6.90	7.12
50	*Hymenodictyon orixense*	10	80	0.53	5.75	6.28
51	*Wrightia arborea*	10	76	0.50	5.75	6.25
52	*Premna tomentosa*	10	28	0.19	5.75	5.93
53	*Ximenia americana*	9	65	0.43	5.17	5.60
54	*Albizia thompsonii*	9	40	0.27	5.17	5.44
55	*Deccania pubescens*	9	35	0.23	5.17	5.40
56	*Maerua apetala*	9	20	0.13	5.17	5.31
57	*Euphorbia antiquorum*	8	41	0.27	4.60	4.87
58	*Mitragyna parvifolia*	8	31	0.21	4.60	4.80
59	*Eriolaena lushingtonii*	7	54	0.36	4.02	4.38
60	*Casearia graveolens*	7	40	0.27	4.02	4.29
61	*Murraya koenigii*	7	38	0.25	4.02	4.28
62	*Albizia odoratissima*	7	29	0.19	4.02	4.22
63	*Semecarpus anacardium*	7	29	0.19	4.02	4.22
64	*Terminalia bellirica*	7	26	0.17	4.02	4.20
65	*Garuga pinnata*	7	18	0.12	4.02	4.14
66	*Dendrocalamus strictus*	6	58	0.39	3.45	3.83
67	*Ceriscoides túrgida*	6	42	0.28	3.45	3.73
68	*Dillenia pentagyna*	6	31	0.21	3.45	3.65
69	*Buchanania axillaris*	6	26	0.17	3.45	3.62
70	*Alangium salvifolium*	6	21	0.14	3.45	3.59
71	*Atalantia monophylla*	6	21	0.14	3.45	3.59

72	*Terminalia chebula*	6	19	0.13	3.45	3.57
73	*Gardenia resinífera*	6	17	0.11	3.45	3.56
74	*Syzygium alternifolium*	5	64	0.43	2.87	3.30
75	*Mangifera indica*	5	43	0.29	2.87	3.16
76	*Ziziph us glabrata*	5	35	0.23	2.87	3.11
77	*Balanites aegyptiaca*	5	32	0.21	2.87	3.09
78	*Canthium dicoccum*	5	32	0.21	2.87	3.09
79	*Erythrina suberosa*	5	22	0.15	2.87	3.02
80	*Erythrina stricta*	5	19	0.13	2.87	3.00
81	*Naringi alata*	5	18	0.12	2.87	2.99
82	*Dolichandrone falcata*	5	17	0.11	2.87	2.99
83	*Wendlandia tinctoria*	5	12	0.08	2.87	2.95
84	*Cordia macleodii*	5	10	0.07	2.87	2.94
85	*Kydia calycina*	4	60	0.40	2.30	2.70
86	*Nyctanthes arbor-tristis*	4	24	0.16	2.30	2.46
87	*Acácia leucófila*	4	20	0.13	2.30	2.43
88	*Mallotus philippensis*	4	20	0.13	2.30	2.43
89	*Mallotus rhamnifolius*	4	14	0.09	2.30	2.39
90	*Diospyros chloroxylon*	4	13	0.09	2.30	2.39
91	*Ficus hispida*	4	13	0.09	2.30	2.39
92	*Cissus vitiginea*	4	11	0.07	2.30	2.37
93	*Pterospermum xylocarpum*	4	9	0.06	2.30	2.36
94	*Ochna obtusata var. gamblei*	3	59	0.39	1.72	2.12
95	*Pterocarpus santalinus*	3	46	0.31	1.72	2.03
96	*Aegle marmelos*	3	40	0.27	1.72	1.99
97	*Schleichera oleosa*	3	29	0.19	1.72	1.92
98	*Fénix sylvestris*	3	23	0.15	1.72	1.88
99	*Glochidion zeylanicum*	3	20	0.13	1.72	1.86
100	*Memecylon edule*	3	19	0.13	1.72	1.85
101	*Memecylon umbellatum*	3	18	0.12	1.72	1.84
102	*Terminalia arjuna*	3	16	0.11	1.72	1.83
103	*Celtis philippensis*	3	15	0.10	1.72	1.82
104	*Gyrocarpus americanus*	3	15	0.10	1.72	1.82
105	*Manilkara roxburghiana*	3	15	0.10	1.72	1.82
106	*Prosopis chilensis*	3	12	0.08	1.72	1.80
107	*Bridelia crenulata*	3	10	0.07	1.72	1.79
108	*Pongamia pinnata*	3	10	0.07	1.72	1.79
109	*Premna latifolia*	3	10	0.07	1.72	1.79
110	*Bridelia airy-shawii*	3	8	0.05	1.72	1.78

111	*Flacourtia ramontchi*	3	7	0.05	1.72	1.77
112	*Sapindus emarginatus*	3	7	0.05	1.72	1.77
113	*Butea monosperma*	3	5	0.03	1.72	1.76
114	*Azadirachta indica*	3	4	0.03	1.72	1.75
115	*Sterculia villosa*	2	15	0.10	1.15	1.25
116	*Ziziphus mauritiana*	2	14	0.09	1.15	1.24
117	*Anogeissus acuminata*	2	7	0.05	1.15	1.20
118	*Drypetes sepiaria*	2	7	0.05	1.15	1.20
119	*Allophyllus cobbe*	2	6	0.04	1.15	1.19
120	*Gmelina arborea*	2	6	0.04	1.15	1.19
121	*Holoptelea integrifolia*	2	5	0.03	1.15	1.18
122	*Oroxylum indicum*	2	5	0.03	1.15	1.18
123	*Pavetta indica*	2	5	0.03	1.15	1.18
124	*Stereospermum personatum*	2	5	0.03	1.15	1.18
125	*Albizia procera*	2	4	0.03	1.15	1.18
126	*Acácia nilótica*	2	3	0.02	1.15	1.17
127	*Bombax ceiba*	2	3	0.02	1.15	1.17
128	*Cordia wallichii*	2	3	0.02	1.15	1.17
129	*Sapium insigne*	2	3	0.02	1.15	1.17
130	*Cassine glauca*	1	23	0.15	0.57	0.73
131	*Phyllanthus pinnatus*	1	8	0.05	0.57	0.63
132	*Euphorbia tortillis*	1	7	0.05	0.57	0.62
133	*Streblus asper*	1	7	0.05	0.57	0.62
134	*Casearia tomentosa*	1	6	0.04	0.57	0.61
135	*Tamarindus indica*	1	6	0.04	0.57	0.61
136	*Vitex leucoxylon*	1	5	0.03	0.57	0.61
137	*Vitex pinnata*	1	5	0.03	0.57	0.61
138	*Acácia pennata*	1	4	0.03	0.57	0.60
139	*Commiphora caudata*	1	4	0.03	0.57	0.60
140	*Milliusa tomentosa*	1	4	0.03	0.57	0.60
141	*Parkinsonia aculeata*	1	4	0.03	0.57	0.60
142	*Santalum album*	1	4	0.03	0.57	0.60
143	*Suregada angustifolia*	1	4	0.03	0.57	0.60
144	*Capparis grandis*	1	3	0.02	0.57	0.59
145	*Cordia evoluitor*	1	3	0.02	0.57	0.59
146	*Acácia polyacantha*	1	2	0.01	0.57	0.59
147	*Bauhinia purpurea*	1	2	0.01	0.57	0.59
148	*Boswellia ovalifoliolata*	1	2	0.01	0.57	0.59
149	*Ehretia aspera*	1	2	0.01	0.57	0.59

150	*Euphorbia nivulia*	1	2	0.01	0.57	0.59
151	*Firmiana colorata*	1	2	0.01	0.57	0.59
152	*Haldinia cordifolia*	1	2	0.01	0.57	0.59
153	*Morinda angustifolia*	1	2	0.01	0.57	0.59
154	*Desmodium oojeinensis*	1	2	0.01	0.57	0.59
155	*Bauhinia malabarica*	1	1	0.01	0.57	0.58
156	*Ceiba pentandra*	1	1	0.01	0.57	0.58
157	*Limonia acidissima*	1	1	0.01	0.57	0.58
	Total		15051	100	100	200

No presente estudo, 12 espécies de árvores foram identificadas como ameaçadas. Estas representam apenas 2% de todo o stock de regeneração. Destas, *Phyllanthus indofischeri, Saraca asoca* e *Terminalia pallida* não apresentam quaisquer sinais de regeneração. Das restantes 9 espécies ameaçadas, *Boswellia ovalifoliolata, Santalum album* e *Oroxylum indicum* registaram dois, quatro e cinco indivíduos de árvores em regeneração, respetivamente. Este facto exige melhores estratégias de conservação para sustentar estas espécies, uma vez que o tamanho mínimo da população é necessário para a viabilidade a longo prazo de espécies raras e ameaçadas, tal como opinam Cunningham & Saigo, 1999. Um total de 92 espécies (37% das 249 espécies registadas) não registou qualquer recrutamento: de plântulas ou rebentos. Por conseguinte, estas espécies revelaram instabilidade demográfica e as tendências de declínio das espécies no futuro podem dar indicações de extinção.

AMEAÇAS AOS RECURSOS ARBÓREOS E ÍNDICE DE PERTURBAÇÃO

O nível de perturbação predominante na floresta parece desempenhar um papel importante na influência do nível de riqueza de espécies. A perturbação pode reduzir a diversidade de espécies vegetais eliminando espécies sensíveis à perturbação, aumentar a diversidade de espécies abrindo espaço de crescimento e recursos para utilização por espécies colonizadoras, manter a riqueza de espécies abrandando ou impedindo a exclusão competitiva e alterar a heterogeneidade espacial na composição da comunidade vegetal (Huston, 1994). Nesta análise, toda a área de estudo foi classificada em três categorias com base em pontuações de perturbação, que foram concebidas com base nas condições de perturbação existentes nas grelhas, nomeadamente grelhas não perturbadas, moderadamente perturbadas e altamente perturbadas.

No presente estudo, foram recolhidos dados sobre seis parâmetros de perturbação.

Estes são: 1) corte de árvores 2) corte de caules 3) remoção de solo 4) pastoreio 5) ervas daninhas e 6) incidência de fogo. Cada um dos parâmetros foi calculado com base nas pontuações de perturbação (ausente-0, baixo-1, médio-2, alto-3). Com base nos resultados globais, a área de estudo, composta por 175 grelhas, foi classificada em três categorias principais, nomeadamente grelhas não perturbadas (pontuação 1-6), moderadamente perturbadas (pontuação 7-12) e altamente perturbadas (pontuação 13-18). O Índice de Perturbação Cumulativa (CDI) foi calculado de acordo com Boraiah *et al.* (2001). Entre todas as 175 grelhas amostradas no estudo, um total de 77 grelhas (44%) foram classificadas como grelhas não perturbadas (UDG), seguidas de 83 grelhas (47,4%) como grelhas moderadamente perturbadas (MDG) e 15 grelhas (8,6%) como grelhas altamente perturbadas (HDG) (**Quadro 9)**.

Riqueza de espécies de taxa arbóreos

Comparando as três categorias acima mencionadas (**Tabela-10**), a riqueza de espécies foi mais elevada na UDG com 222 espécies de árvores (pertencentes a 136 géneros e 54 famílias), seguida da MDG com 192 espécies (de 117 géneros, 49 famílias) e da HDG com 76 espécies (de 55 géneros e 35 famílias). No que se refere ao número de indivíduos, a UDG registou uma variação de 18-72, seguida da MDG, 4-77 e da HDG, 5-40 indivíduos. Os resultados indicam que, com o aumento da perturbação, a riqueza de espécies arbóreas diminuiu.

TABELA- 9: ÍNDICE CUMULATIVO DE PERTURBAÇÃO DAS GRELHAS AMOSTRADAS

S. Não.	Transecto n.º.	SR	D	BA	L	CS	SR	G	W	F	CDI	Categoria
1	56 L11SE4	77	514	13.233	1	1	0	2	2	1	7	Mod-D
2	56 L12 NE1	66	648	23.734	1	1	0	2	1	1	6	Un-D
3	56 L12 NE2	62	446	13.813	0	0	0	0	1	2	3	Un-D
4	56 L12 NE3	54	492	18.827	1	1	0	1	1	1	5	Un-D
5	56 L12 NE4	36	225	11.607	0	0	0	1	2	2	5	Un-D
6	56 L12 NW4	42	476	10.008	0	0	0	1	1	1	3	Un-D
7	56 L12 SE1	45	495	9.663	0	0	0	1	1	1	3	Un-D
8	56 L12 SE2	28	484	7.963	1	2	0	3	1	1	8	Mod-D
9	56 L12 SE3	50	485	13.817	0	0	0	1	1	1	3	Un-D
10	56 L12 SE4	26	359	7.620	0	0	0	2	1	2	5	Un-D
11	56 L12 SW1	42	427	9.238	0	0	0	1	1	2	4	Un-D
12	56 L12 SW2	53	263	4.712	1	1	0	0	2	3	7	Mod-D
13	56 L12 SW3	29	307	5.706	0	0	0	1	1	2	4	Un-D
14	56 L12 SW4	40	336	8.512	1	1	0	1	2	3	8	Mod-D
15	56 L15SE2	24	200	3.422	0	0	0	1	1	2	4	Un-D

16	56 L15SE4	28	210	4.231	1	1	0	2	1	1	6	Un-D
17	56 L15SW1	48	501	11.505	2	2	0	3	2	2	11	Mod-D
18	56 L15SW2	63	469	14.327	1	1	0	2	2	2	8	Mod-D
19	56 L15SW3	30	286	4.871	3	2	1	3	2	2	13	Hig-D
20	56 L15SW4	47	278	16.832	0	0	0	1	1	1	3	Un-D
21	56 L16 NE1	30	201	4.232	0	0	0	1	1	2	4	Un-D
22	56 L16 NE2	27	467	9.387	0	0	0	1	1	2	4	Un-D
23	56 L16 NE3	23	228	3.797	0	0	0	1	1	2	4	Un-D
24	56 L16 NE4	35	221	4.595	0	0	0	1	1	2	4	Un-D
25	56 L16NW1	49	504	12.111	2	2	1	2	2	2	11	Mod-D
26	56 L16 NW2	38	755	17.345	1	2	0	3	1	1	8	Mod-D
27	56 L16 NW3	32	352	6.873	0	0	0	0	1	2	3	Un-D
28	56 L16 NW4	39	412	8.774	0	0	0	1	1	2	4	Un-D
29	56 L16SE1	33	352	10.175	2	2	0	3	1	1	9	Mod-D
30	56 L16SE2	54	435	12.458	0	0	0	0	1	2	3	Un-D
31	56 L16SE3	59	344	11.287	0	0	0	2	1	2	5	Un-D
32	56 L16 SE4	59	577	12.202	1	1	0	2	2	3	9	Mod-D
33	56 L16 SW1	32	297	5.598	0	0	0	1	1	1	3	Un-D
34	56 L16 SW2	47	871	20.650	0	0	0	1	1	2	4	Un-D
35	56 L16 SW3	24	131	3.172	2	3	1	3	1	3	13	Hig-D
36	56 L16 SW4	48	390	9.810	1	1	1	2	2	2	9	Mod-D
37	56 P11 NE2	25	253	4.695	2	2	1	2	1	1	9	Mod-D
38	56 P11 NE4	31	309	5.810	0	0	0	1	1	1	3	Un-D
39	56 P11 NW4	11	94	1.240	3	3	1	3	3	1	14	Hig-D
40	56 P11 SE1	20	216	3.944	2	2	1	2	1	1	9	Mod-D
41	56 P11 SE2	21	173	4.769	3	3	1	2	2	1	12	Mod-D
42	56 P11 SE3	18	274	4.536	3	3	1	3	1	1	12	Mod-D
43	56 P11 SE4	19	261	6.950	3	3	2	0	2	2	12	Mod-D
44	56 P11 SW1	19	246	4.092	2	2	1	1	1	1	8	Mod-D
45	56 P11 SW2	16	173	3.276	2	2	1	1	1	1	8	Mod-D
46	56 P11 SW3	13	143	2.447	2	2	0	2	1	1	8	Mod-D
47	56 P11 SW4	14	120	1.520	2	2	1	2	1	1	9	Mod-D
48	56 P12 NE1	25	215	4.031	3	3	3	2	2	2	15	Hig-D
49	56 P12 NE3	15	104	2.249	3	3	2	1	2	1	12	Mod-D
50	56 P12 NW1	14	100	1.969	3	3	2	3	3	2	16	Hig-D
51	56 P4 NE2	29	194	4.086	0	0	0	1	1	2	4	Un-D
52	56 P4 NE3	23	254	3.652	0	0	0	1	1	1	3	Un-D
53	56 P4 NE4	30	364	5.984	1	2	0	3	1	1	8	Mod-D
54	56 P4 NW2	37	196	4.102	1	2	0	3	1	2	9	Mod-D
55	56 P4 NW4	25	243	4.863	0	0	0	1	1	2	4	Un-D
56	56 P4 SE1	45	275	5.766	1	1	0	1	1	1	5	Un-D
57	56 P4 SE2	20	236	4.614	1	1	0	2	1	1	6	Un-D

58	56 P4 SE3	41	395	9.983	1	2	1	3	3	2	12	Mod-D
59	56 P4 SE4	5	8	0.101	3	3	3	3	3	1	16	Hig-D
60	56 P4 SW1	37	211	5.101	0	0	0	1	1	2	4	Un-D
61	56 P4 SW2	31	319	5.981	0	0	0	0	1	1	2	Un-D
62	56 P4 SW3	48	324	16.326	1	1	0	1	1	1	5	Un-D
63	56 P4 SW4	31	345	7.476	1	1	0	2	3	2	9	Mod-D
64	56 P7 SE2	23	288	7.664	2	2	1	2	2	2	11	Mod-D
65	56 P7 SE3	21	219	4.814	3	3	0	3	1	1	11	Mod-D
66	56 P7 SE4	18	203	3.695	3	3	0	3	1	1	11	Mod-D
67	56 P7 SW2	29	163	4.560	3	3	0	2	2	1	11	Mod-D
68	56 P7 SW4	20	331	10.116	2	3	0	1	1	1	8	Mod-D
69	56 P8 NE1	18	350	9.012	2	2	1	2	1	1	9	Mod-D
70	56 P8 NE2	21	354	10.355	2	2	1	3	1	1	10	Mod-D
71	56 P8 NE3	34	704	16.894	2	3	1	1	1	1	9	Mod-D
72	56 P8 NE4	18	423	8.448	2	3	1	1	1	2	10	Mod-D
73	56 P8 NW1	20	328	5.582	2	2	1	2	1	1	9	Mod-D
74	56 P8 NW2	11	252	4.627	3	3	0	3	1	1	11	Mod-D
75	56 P8 NW3	35	449	10.116	2	2	0	1	1	1	7	Mod-D
76	56 P8 NW4	22	303	5.075	1	1	0	2	1	2	7	Mod-D
77	56 P8 SW1	17	326	4.592	2	2	1	2	1	1	9	Mod-D
78	57 I10 NE1	66	428	28.016	1	1	0	1	2	1	6	Un-D
79	57 I10 NE2	31	229	4.723	1	2	0	1	1	1	6	Un-D
80	57 I10 NE3	39	254	12.670	1	2	0	1	1	1	6	Un-D
81	57 I10 NE4	71	648	24.040	0	1	0	0	1	2	4	Un-D
82	57 I10 NW3	18	73	2.692	3	1	0	2	3	0	9	Mod-D
83	57 I10 SE1	40	295	12.445	1	2	0	1	1	1	6	Un-D
84	57 I10 SE2	45	315	12.077	1	2	0	1	1	1	6	Un-D
85	57 I10 SE3	35	627	13.899	0	0	0	0	0	2	2	Un-D
86	57 I10 SE4	54	575	27.368	1	1	0	1	0	2	5	Un-D
87	57 I11 NE1	49	450	14.693	2	2	0	1	1	1	7	Mod-D
88	57 I11 NE2	43	463	11.732	1	1	0	1	1	1	5	Un-D
89	57 I11 NE3	38	319	18.558	3	3	0	1	1	1	9	Mod-D
90	57 I11NE4	49	314	14.349	2	2	0	1	1	1	7	Mod-D
91	57 I11 NW3	33	145	4.844	0	1	0	1	2	1	5	Un-D
92	57 I11 SE1	40	297	7.985	1	1	1	1	1	2	7	Mod-D
93	57 I11 SE2	28	228	4.026	2	2	1	2	2	2	11	Mod-D
94	57 I11 SE3	40	723	14.762	0	1	0	0	1	1	3	Un-D
95	57 I11 SE4	53	529	12.039	0	0	0	0	1	1	2	Un-D
96	57 I12 NE1	50	435	7.242	2	2	0	2	1	2	9	Mod-D
97	57 I12 NE2	28	279	8.279	2	2	0	2	1	2	9	Mod-D
98	57 I12 NE3	43	418	15.458	1	1	0	2	1	2	7	Mod-D
99	57 I12 NE4	40	457	15.367	1	1	0	2	1	2	7	Mod-D

100	57 I12 SE1	42	489	12.611	1	1	0	2	1	2	7	Mod-D
101	57 I12 SE2	50	486	14.032	1	1	0	1	1	2	6	Un-D
102	57 I12 SE3	48	562	15.999	2	2	0	2	1	2	9	Mod-D
103	57 I12 SE4	42	454	13.759	1	2	0	2	1	2	8	Mod-D
104	57 I13 NE1	30	233	3.784	1	1	0	2	2	1	7	Mod-D
105	57 I13 NE2	46	275	9.357	1	1	0	2	2	1	7	Mod-D
106	57 I13 NE3	41	380	5.462	1	1	0	2	2	1	7	Mod-D
107	57 I13NE4	38	353	11.576	1	2	0	2	2	1	8	Mod-D
108	57 I13 NW1	68	312	11.220	0	0	0	1	1	2	4	Un-D
109	57 I13 NW2	60	380	59.767	1	1	0	2	2	1	7	Mod-D
110	57 I13 NW3	55	630	24.099	1	1	1	2	2	2	9	Mod-D
111	57 I13 NW4	44	350	17.452	1	1	0	2	2	2	8	Mod-D
112	57 I13 SE1	43	314	9.996	1	1	0	2	2	1	7	Mod-D
113	57 I13 SE2	29	314	9.022	2	2	1	3	1	2	11	Mod-D
114	57 I13 SE3	37	468	16.270	2	2	0	2	2	1	9	Mod-D
115	57 I13 SE4	33	370	11.700	2	2	0	2	2	2	10	Mod-D
116	57 I13 SW1	58	415	20.894	1	1	0	1	2	1	6	Un-D
117	57 I13 SW2	34	301	6.011	0	0	0	0	0	2	2	Un-D
118	57 I13 SW3	43	232	11.274	1	1	0	2	2	1	7	Mod-D
119	57 I13 SW4	44	374	5.825	0	1	0	0	1	2	4	Un-D
120	57 I14 NE1	28	272	4.061	2	1	0	3	0	2	8	Mod-D
121	57 I14 NE2	33	395	10.400	1	1	0	1	2	2	7	Mod-D
122	57 I14 NE3	47	588	19.237	1	1	0	1	1	2	6	Un-D
123	57 I14 NE4	21	240	2.983	2	3	1	1	1	3	11	Mod-D
124	57 I14 NW1	48	395	8.982	0	0	0	0	0	2	2	Un-D
125	57 I14 NW2	40	244	5.121	0	0	0	0	0	2	2	Un-D
126	57 I14 NW3	50	786	14.586	1	1	0	1	0	2	5	Un-D
127	57 I14 NW4	38	408	12.685	1	1	0	1	1	2	6	Un-D
128	57 I14 SE1	36	393	8.205	0	1	0	1	1	1	4	Un-D
129	57 I14 SE2	32	431	15.177	0	1	0	0	1	1	3	Un-D
130	57 I14 SE3	27	427	8.789	0	1	0	1	1	1	4	Un-D
131	57 I14 SE4	35	481	11.557	0	1	0	1	1	1	4	Un-D
132	57 I14 SW1	40	429	12.241	0	0	0	0	2	1	3	Un-D
133	57 I14 SW2	38	268	6.464	0	0	0	0	2	1	3	Un-D
134	57 I14 SW3	39	375	9.613	0	0	0	0	2	1	3	Un-D
135	57 I14 SW4	44	453	9.164	0	0	0	0	2	1	3	Un-D
136	57 I15 NW1	31	221	3.999	0	1	0	0	2	1	3	Un-D
137	57 I15 NW2	63	595	15.562	1	1	0	1	2	1	6	Un-D
138	57 I15 NW3	64	503	35.472	0	0	0	0	2	1	3	Un-D
139	57 I15 NW3	28	267	6.585	2	2	0	1	2	1	8	Mod-D
140	57 I15 SW1	32	313	7.196	0	0	0	1	1	2	4	Un-D
141	57 I15 SW2	35	243	4.352	0	0	0	1	1	1	3	Un-D

142	57 I15 SW3	49	272	7.664	1	0	0	1	2	1	5	Un-D
143	57 I15 SW4	15	230	4.372	3	3	2	3	2	2	15	Hig-D
144	57 I16 NW1	62	560	20.256	0	0	0	0	2	1	3	Un-D
145	57 I16 NW3	32	446	6.205	0	0	0	0	1	1	2	Un-D
146	57 I9 NE2	61	251	12.837	2	2	1	2	2	2	11	Mod-D
147	57 I9 NE3	44	444	18.606	0	0	0	0	1	2	3	Un-D
148	57 I9 NE4	72	446	51.920	1	1	0	0	2	1	5	Un-D
149	57 I9 SE1	42	304	8.465	2	2	0	2	2	1	9	Mod-D
150	57 I9 SE2	67	421	36.544	1	1	0	1	3	2	8	Mod-D
151	57 I9 SE3	62	368	15.245	1	1	0	1	3	1	7	Mod-D
152	57 I9 SE4	51	351	11.796	1	1	0	0	2	2	6	Un-D
153	57 I9 SW2	10	51	0.870	3	3	2	2	2	1	13	Hig-D
154	57 J9 NE1	27	271	5.399	2	2	2	2	2	2	12	Mod-D
155	57 J9 NE3	26	377	7.355	1	1	0	1	1	1	5	Un-D
156	57 M1 NE1	19	148	1.748	2	3	2	3	3	3	16	Hig-D
157	57 M1 NE2	5	19	0.369	3	3	2	3	2	3	16	Hig-D
158	57 M1 NE3	7	37	0.403	3	3	0	2	1	2	11	Mod-D
159	57 M1 NE4	4	12	0.242	0	0	1	3	2	2	8	Mod-D
160	57 M1 NW1	45	524	14.707	1	1	0	2	2	1	7	Mod-D
161	57 M1 NW2	11	98	1.573	2	2	0	3	2	1	10	Mod-D
162	57 M1 NW3	20	209	15.375	1	2	0	2	2	1	8	Mod-D
163	57 M1 NW4	14	68	1.749	3	3	2	2	2	2	14	Hig-D
164	57M1SE2	9	23	0.200	2	2	2	2	2	2	12	Mod-D
165	57 M1 SW1	40	405	7.403	0	0	0	1	1	2	4	Un-D
166	57 M1 SW2	56	847	20.331	0	0	0	1	1	2	4	Un-D
167	57 M1 SW3	34	352	9.452	1	1	0	2	2	3	9	Mod-D
168	57 M1 SW4	29	179	7.371	1	1	0	2	2	2	8	Mod-D
169	57 M2 NE1	25	240	3.469	3	2	2	3	2	3	15	Hig-D
170	57 M2 NW1	40	393	9.886	3	3	1	3	2	3	15	Hig-D
171	57 M2 NW2	15	106	1.714	2	2	1	2	2	2	11	Mod-D
172	57 M2 NW3	28	281	5.914	3	3	1	3	2	2	14	Hig-D
173	57 M2 NW4	23	103	1.326	3	3	0	3	2	3	14	Hig-D
174	57 M2 SW1	18	96	1.143	1	1	0	1	1	1	5	Un-D
175	57 M2 SW2	28	290	5.333	2	2	1	2	2	2	11	Mod-D

Abreviaturas : Sp. R- Riqueza de espécies; D-Densidade; BA-Área basal; L-Desgalhamento; CS- Caules cortados;

SR - Remoção de solo; G - Pastagem; W - Ervas daninhas; F - Fogo; CDI - Índice de Perturbação Acumulada;

Alto-D- Altamente perturbado; Mod-D- Moderadamente perturbado; Un-D- Pouco perturbado.

QUADRO-10: RESUMO DA DIVERSIDADE DAS ÁRVORES DE NALLAMALAIS EM FUNÇÃO DO ESTADO DE PERTURBAÇÃO

Variáveis	Nallamalais	Sem perturbações	Moderadamente perturbado	Muito perturbado

N.º de grelhas	175	77 (44%)	83 (47.4%)	15 (8.6%)
N.º de espécies	249	222	192	76
N.º de géneros	156	136	117	55
N.º de famílias	154	54	49	35
Taxa endémica	23	22	15	5
Taxa ameaçada	3	3	3	1
Gama de espécies	4-77	18-72	4-77	5-40
Equilíbrio	0.2776	0.3124	0.3202	0.4149
Índice S-W	4.236	4.239	4.119	3.451
Índice de Simpson	0.9714	0.9726	0.9672	0.9467
Densidade	59319	30157	26794	2368
Área basal (m2)	1728	890	793	45
Média DP de Divresidade	38.69 ± 22.16	41.7 ± 9.08	33.09 ± 10.82	19.2 ± 6.84
Média DP de densidade	338.96 ± 160.76	391.6 ± 110.7	322.81 ± 101.9	157.8 ± 77.5
DP médio da área basal	9.8 ± 8.08	11.5 ± 5.7	9.55 ± 5.69	3 ± 1.7

Quando a riqueza de espécies presente em todas as grelhas foi correlacionada com as pontuações de perturbação cumulativas calculadas de cada grelha, foi observada uma tendência negativa significativa $r^2_{(174,0.05)}$ = -0,466 (P<0,05). Isto indica que em Nallamalis, a riqueza de espécies de árvores diminui com o aumento dos níveis de perturbação. Esta caraterística exige não só a redução dos níveis de perturbação, mas também a realização de estudos ecológicos para identificar as árvores vulneráveis e os complexos arbóreos associados. Entre as três categorias, observa-se que as grelhas florestais HDG têm um valor de coeficiente de correlação negativo significativo mais elevado do que as grelhas moderadamente perturbadas (MDG) e as grelhas não perturbadas (UDG). Isto indica que quanto maior for o nível de perturbação, menor será a riqueza de espécies arbóreas. Isto justifica um nível de estatuto de proteção para estes tipos de floresta. Quando se consideram os tipos de floresta como as caducifólias secas e os matagais, observou-se uma tendência negativa significativa, ou seja, com o aumento dos níveis de perturbação, observou-se uma redução da riqueza de espécies arbóreas em cada tipo de floresta.

Esta situação exige uma estratégia de proteção holística que abranja todos os tipos de florestas da região de Nallamalai. As tendências negativas podem ser claramente observadas nos números relativos à cobertura florestal.

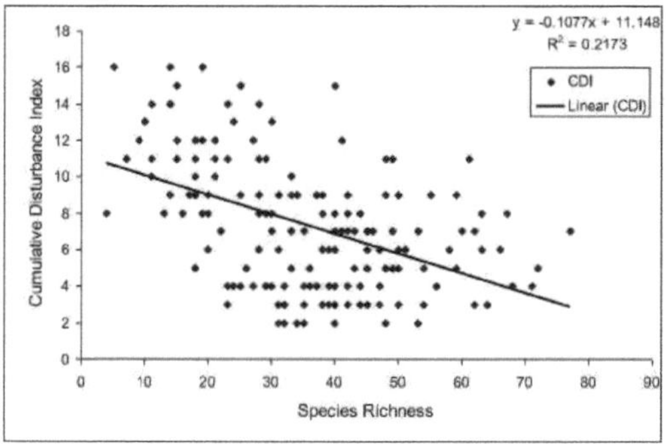

FIG. CORRELAÇÃO DO ÍNDICE DE DISTÂNCIA CUMULATIVA versus RIQUEZA DAS ESPÉCIES

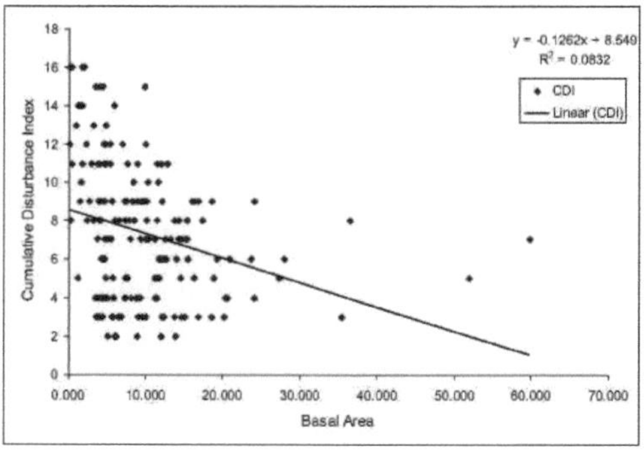

FIG. CORRELAÇÃO DO ÍNDICE DE DISTORÇÃO CUMULATIVA versus DENSIDADE

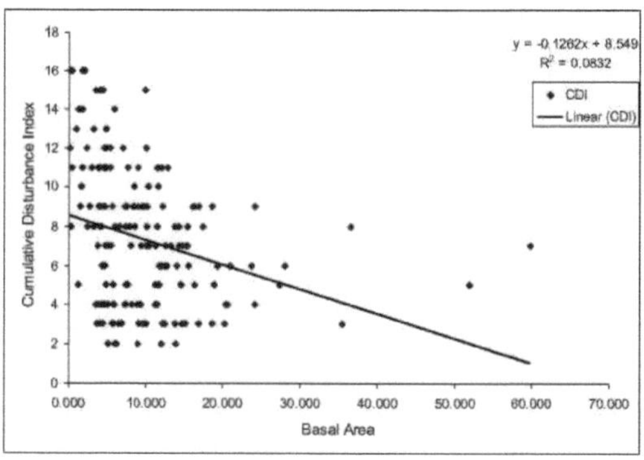

FIG. CORRELAÇÃO DO ÍNDICE DE DISTÚRBIOS CUMULATIVOS versus ÁREA BÁSICA

Densidade de taxa de árvores

As densidades de UDG, MDG e HDG são 30.157; 26.794 e 2.368 indivíduos, respetivamente. Observou-se um elevado valor de r^2 para as densidades dos três tipos em relação aos tipos de floresta. Além disso, foi observada uma tendência negativa significativa quando a densidade de árvores em cada grelha foi correlacionada com os valores do índice de perturbação cumulativo. Além disso, este facto foi reforçado pelos valores elevados de r2 nos sítios altamente perturbados em comparação com os sítios moderadamente perturbados. Esta situação indica que a densidade das árvores também diminuiu com o aumento dos níveis de perturbação, tornando assim a perturbação um fator ecológico importante na determinação da composição das árvores nestas florestas. Quando se consideraram os dois tipos de floresta, observaram-se valores significativos em cada tipo de floresta e, entre eles, registaram-se valores elevados de r2 no matagal. Esta situação no matagal pode dever-se à presença de uma baixa riqueza de espécies arbóreas e pode também considerar-se que a maioria dos locais de matagal já se encontram em grande parte degradados. Huston (1994) observou que a perturbação pode manter a riqueza de espécies ao abrandar ou impedir a exclusão competitiva e alterar a heterogeneidade espacial na composição da comunidade vegetal.

Área basal dos taxa arbóreos

Os valores da área basal na UDG são 11,5±5,7 m^2 /0,5ha e variam entre 1,143 e 51,920m^2 /0,5ha, enquanto que na MDG variou entre 0,2 e 59,76 m^2 /0,5ha e na HDG variou entre 0,1-9,8 m^2 /0,5ha. A UDG 57 I/9 NE4 (Nagalooty) foi registada com a área basal mais elevada 51,92 m^2 /0,5ha devido ao seu estatuto de proteção sob a forma de bosque sagrado, a mais baixa foi registada em 57 M/2 SW1 (Banda Konda) 1,143m^2 /0,5ha devido ao elevado pastoreio e às actividades antropogénicas. No caso das grelhas MD, a área basal mais elevada foi registada em 57 I/13 NW2 (59,97 m^2 /0,5ha) e a mais baixa em 57 M/1 SE2, enquanto no matagal 3 m^2 /0,5ha é a mais elevada e 1,7 foi a mais baixa registada em 57 M/2 NW1. Os valores da área basal do HDG devem-se a um maior número de níveis de perturbação. Os valores de correlação para ambos os UDG e MDG ($P_{(0.05)}$, 76<-0,288; $P_{(0.05)}$, 82<-0,286) foram semelhantes, exceto para as grelhas HD $P_{(0.05)}$, 14>-0,311.

Do mesmo modo, os valores da área basal, que fornecem indiretamente informações sobre a acumulação de biomassa estrutural, também revelaram que a acumulação de biomassa diminuiu significativamente com o aumento dos níveis de perturbação. Este facto foi observado nas florestas de folha caduca seca e nas florestas moderadamente perturbadas. No que respeita à variável área basal, observou-se uma tendência negativa, mas não significativa ao nível de 0,05, para as grelhas altamente perturbadas e as florestas de matos. Isto pode dever-se à disponibilidade de árvores de grande porte nas florestas altamente perturbadas devido ao corte e à poda e a factores físicos como a baixa fertilidade do solo e a baixa capacidade de retenção de água nas florestas de mato, que diminuirão a acumulação de biomassa.

ÁRVORES AMEAÇADAS DE NALLAMALAIS

Todos os taxa registados na área de estudo foram avaliados quanto ao seu estatuto de ameaça ao nível dos Ghats orientais meridionais de Andhra Pradesh, de acordo com Nayar & Sastry (1987,1990), Jadhav *et al.*, 2001 e Rao *et al.* (2003). Nas grelhas de amostragem foram encontradas 12 espécies ameaçadas registadas. Com base nos estudos de campo, para além das 12 espécies de árvores registadas, foram observadas 42 outras espécies de árvores ameaçadas (**Quadro 11**). As 12 espécies de árvores ameaçadas registadas são *Aegle marmelos, Albizia thompsonii, Boswellia ovalifoliolata, Eriolaena lushingtonii, Oroxylum indicum, Phyllanthus indofischeri, Pterocarpus santalinus, Santalum album, Saraca asoca, Sterculia urens, Syzygium alternifolium* e *Terminalia pallida.* Apresentam baixas densidades e uma regeneração deficiente. *Aegle marmelos* é uma importante planta medicinal e frutícola, com 155 indivíduos em 32 grelhas e uma regeneração fraca de 40 indivíduos em 3 grelhas. Assim, mantém o seu estatuto de vulnerabilidade. *Albizia thompsonii compreende* 275 indivíduos e encontra-se em 46 grelhas com uma regeneração de 40 indivíduos em 9 grelhas. Assim, mantém o seu estatuto de rara. A *Boswellia ovalifoliolata* foi registada com uma densidade muito baixa, ou seja, 8 indivíduos em 3 grelhas com uma regeneração de 2 indivíduos numa grelha, ocupando apenas 0,01% do potencial de regeneração dos taxa ameaçados, o que mostra claramente o estatuto de perigo da espécie.

Eriolaena lushingtonii é uma espécie endémica e vulnerável com um potencial de regeneração de 54 indivíduos em 7 grelhas. Do mesmo modo, *Oroxylum indicum com* 5 indivíduos em 2 grelhas e *Pterocarpus santalinus* com 46 indivíduos em 3 grelhas, *Santalum album* com 4 indivíduos numa única grelha, *Sterculia urens* com 59 indivíduos em 16 grelhas e *Syzygium alternifolium* com 64 indivíduos em 5 grelhas. *Saraca asoca* e *Terminalia pallida* estão registadas sem indivíduos em regeneração. As plantas medicinais como *Aegle marmelos, Boswellia ovalifoliolata, Eriolaena lushingtonii, Oroxylum indicum, Pterocarpus santalinus, Santalum album, Saraca asoca, Sterculia urens, Syzygium alternifolium* e *Terminalia pallida* estão ameaçadas devido à recolha de material vegetal em grandes quantidades. Sem conhecer a importância das populações vegetais, as populações tribais estão a recolher o material para o seu próprio sustento. Alguns fabricantes de medicamentos, através de mediadores, exigem às tribos grandes quantidades de material vegetal a bom preço e as espécies mais afectadas neste contexto são as espécies produtoras de goma. A extração não científica de goma de *Boswellia ovalifoliolata* e *Sterculia urens* por parte das tribos está a provocar a morte de muitas árvores de grande porte. Para além destas, as plantas medicinais como a *Gardenia resinifera, Melia dubia, Moringa concanensis, Semecarpus anacardium, Strychnos nux-vomica, Strychnos potatorum* e *Terminalia chebula* estão ameaçadas.

DOMÍNIOS PRIORITÁRIOS E ESTRATÉGIAS DE CONSERVAÇÃO DAS ÁRVORES

A fim de dar prioridade às grelhas (áreas) para a conservação das árvores em Nallamalais, foi realizado um exercício nas grelhas tendo em consideração a presença de árvores endémicas, árvores ameaçadas, riqueza de espécies e índice de prioridade de conservação (IPC) (**Quadro-12A**). Isto resultou na identificação de 16 grelhas de preocupação prioritária de conservação que estão dispersas aleatoriamente na área de estudo. Estas grelhas estão agrupadas em cinco grupos que podem ser apropriadamente definidos como 'hotspots locais' e recomendados para conservação e monitorização futuras. Os aglomerados de grelhas situam-se nas zonas florestais de Saleswaram (3 grelhas), Srisailam (5 grelhas), Gundlabrahmeswaram (3 grelhas), Ahobilam (3 grelhas) e nas zonas florestais de Cumbum (2 grelhas) (**Quadro-12B**). Para facilitar a referência a estas zonas, foram utilizados os mesmos nomes para os conjuntos florestais. Estas áreas prioritárias são apresentadas a seguir.

QUADRO-11: ESPÉCIES RECOMENDADAS DE ÁRVORES AMEAÇADAS EM NALLAMALAIS

S. Não.	Nome da espécie (família)	TNI	Presença em grelhas	(TNI/ Grelhas)	Regeneração	Situação atual em Nallamalais
1	*Aglaia elaeagnoidea*	3	1	3/1	Nulo	CR
2	*Albizia chinensis*	9	3	9/3	Nulo	CR
3	*Antidesma ghaesembilla*	16	2	16/2	Nulo	CR
4	*Antidesma zeylanica*	2	1	2/1	Nulo	CR
5	*Bauhinia tomentosa*	6	2	6/2	Nulo	CR
6	*Caryota urens*	2	1	2/1	Nulo	CR
7	*Cassia surattensis*	3	1	3/1	Nulo	CR

8	*Celtis trimorensis*	4	1	4/1	Nulo	CR
9	*Chionanthus macrófila*	2	1	2/1	Nulo	CR
10	*Chukrasia tabularis*	6	3	6/3	Nulo	CR
11	*Cleistanthus patulus*	9	1	9/1	Nulo	CR
12	*Cordia monoica*	2	2	2/2	Nulo	CR
13	*Cyathea spinulosa*	1	1	1/1	Nulo	CR
14	*Deccania pubescens var. candolleana*	2	1	2/1	Nulo	CR
15	*Dolichandrone arcuata*	4	1	4/1	Nulo	CR
16	*Dolichandrone falcata var. lawii*	4	2	4/2	Nulo	CR
17	*Ehretia pubescens*	9	3	9/3	Nulo	CR
18	*Ficus amplissima*	2	1	2/1	Nulo	CR
19	*Ficus rumphii*	8	5	8/5	Nulo	CR
20	*Ficus talbotii*	3	1	3/1	Nulo	CR
21	*Ficus tasjakela*	3	1	3/1	Nulo	CR
22	*Glochidion velutinum*	7	1	7/1	Nulo	CR
23	*Glycosmis pentaphylla*	5	1	5/1	Nulo	CR
24	*Grewia abutilifolia*	1	1	1/1	Nulo	CR
25	*Grewia bracteata*	2	2	2/	Nulo	CR
26	*Lepisanthes tetraphylla*	1	1	1/1	Nulo	CR
27	*Litsea glutinosa*	2	1	2/1	Nulo	CR
28	*Macaranga peltata*	4	1	4/1	Nulo	CR
29	*Meyna spinosa*	3	1	3/1	Nulo	CR
30	*Pittosporum nepaulense*	9	1	9/1	Nulo	CR
31	*Radermachera xylocarpa*	5	2	5/2	Nulo	CR
32	*Saraca asoca*	10	1	10/1	Nulo	CR
33	*Stereospermum suaveolens*	19	6	19/6	Nulo	CR
34	*Suregada multiflora*	4	1	4/1	Nulo	CR
35	*Terminalia coriacea*	4	1	4/1	Nulo	CR
36	*Wendlandia bicuspidata*	6	1	6/1	Nulo	CR
37	*Wendlandia gamblei*	5	2	5/2	Nulo	CR
38	*Wendlandia glabrata*	5	1	5/1	Nulo	CR
39	*Wendlandia heynei*	2	1	2/1	Nulo	CR
40	*Drypetes roxburghii*	12	2	12/2	Nulo	CR
41	*Dalbergia latifolia*	217	46	217/46	106/21	V
42	*Sterculia villosa*	34	6	34/6	Nulo	E

CR=Criticamente em Perigo; E=Em Perigo; V=Vulnerável

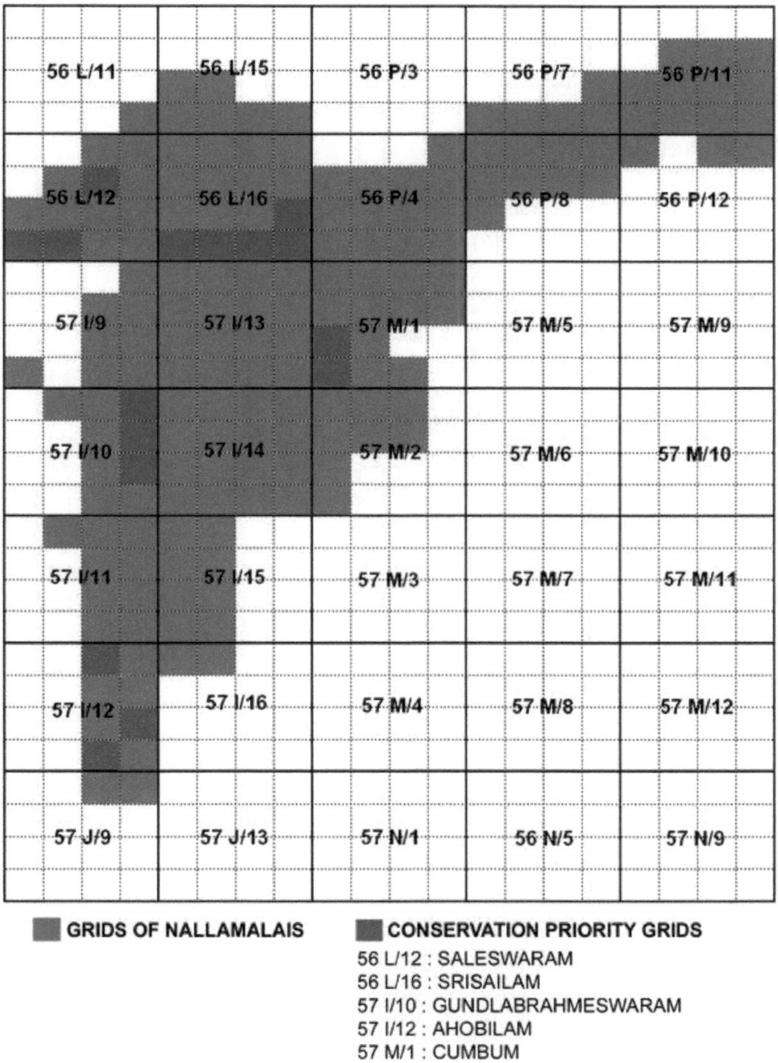

Zona de Saleswaram

Três grelhas da área de Saleswaram (56 L/12 NE2, 56 L/12 SW2 e 56 L/12 NE2), que se estendem a uma altitude de 428-802m MSL, foram identificadas como pontos críticos de conservação.

- A riqueza de espécies da zona varia entre 40 e 62 espécies.

- Encontram-se nesta zona cinco espécies endémicas e sete espécies ameaçadas.

As espécies endémicas são *Boswellia serrata, Bridelia cinerascens, Dolichandrone atrovirens* e *Dolichandrone falcata.*

- *Eriolaena lushingtonii. Aegle marmelos, Albizia thompsonii, Boswellia ovalifoliolata, Eriolaena lushingtonii, Saraca asoca* e *Sterculia urens* são as espécies arbóreas ameaçadas.

- O Índice de Prioridade de Conservação (IPC) desta área varia entre 15-30. O valor máximo de IPC 30 está registado na grelha, 56 L/12 NE2 (**Tabela 12B**).

As plantas endémicas, *Boswe llia serrata* e *Eriolaena lushingtonii,* encontram-se em populações cada vez mais reduzidas e com fraca regeneração. A *Boswellia serrata* está a ficar ameaçada devido aos métodos não científicos utilizados pelos tribais durante a queima do caule para a recolha de goma. No caso das plantas ameaçadas, *Saraca asoca* foi registada pela primeira vez no sul dos Ghats orientais de Andhra Pradesh, com apenas 10 indivíduos, mas sem qualquer potencial de regeneração.

Zona de Srisailam

Cinco grelhas desta zona (56 L/16 SW2, SW4, SE2, SE3 e SE4) com uma amplitude altitudinal de 517-704 m MSL são identificadas como prioritárias em termos de conservação.

- A riqueza de espécies da zona varia entre 47 e 59 espécies.

- Seis espécies endémicas, *Bridelia cinerascens, Dolichandrone atrovirens, Eriolaena lushingtonii, Maerua apetala, Manilkara roxburghiana* e *Terminalia pallida,* estão registadas nesta área.

- Nesta zona estão registados quatro taxa ameaçados, nomeadamente *Albizia thompsonii, Eriolaena lushingtonii, Sterculia urens* e *Terminalia pallida.*

- O Índice de Prioridade de Conservação (IPC) desta zona varia entre 18 e 24 (**Tabela -12B**).

As plantas endémicas, nomeadamente *Maerua apetala, Manilkara roxburghiana* e *Terminalia pallida,* estão registadas com baixas populações e fraca regeneração.

A Manilkara roxburghiana produz frutos comestíveis, pelo que os níveis populacionais têm de ser aumentados ao máximo para que constitua uma espécie-chave de pedra na floresta. *A Terminalia pallida,* de grande valor medicinal, encontra-se ameaçada. Todos os indivíduos estão mais ou menos distribuídos de forma homogénea. Esta área deve ser cuidadosamente monitorizada para conservação.

Área de Gundlabrahmeswaram

Três grelhas desta zona (57 I/10 NE3, 57 I/10 NE4 e 57 I/10 SE1), que se estendem por uma faixa altitudinal de 386-752 m MSL, são consideradas de interesse imediato para a conservação.

- A riqueza de espécies da zona varia entre 48 e 59 espécies.
- Foram registadas cinco espécies endémicas da área de estudo, nomeadamente *Bridelia cinerascens, Dolichandrone atrovirens, Phyllanthus indofischeri, Syzygium alternifolium* e *Terminalia pallida.*
- As espécies ameaçadas *Aegle marmelos, Albizia thompsonii, Oroxylum indicum, Phyllanthus indofischeri, Sterculia urens* e *Syzygium alternifolium* estão registadas nesta zona.
- O Índice de Prioridade de Conservação (IPC) desta área varia entre 22-26 (**Tabela -12B**).

A rica diversidade de habitats nesta zona suporta uma elevada diversidade de espécies de árvores, bem como elevados valores de área basal nesta zona. *Phyllanthus indofischeri* é uma espécie endémica e ameaçada desta zona, que apresenta um número reduzido de indivíduos e uma baixa capacidade de regeneração. Por isso, há uma necessidade imensa de conservar esta espécie ameaçada. Os frutos têm um elevado valor NTFP.

Área de Ahobilam

Três grelhas desta área (57 I/12 NE1, 57 I/12 SE2 e 57 I/12 SE3), que se estendem a uma altitude de 234-354m MSL, são consideradas preocupantes em termos de conservação.

- A riqueza de espécies da zona varia entre 48 e 50 espécies.
- Cinco espécies endémicas encontradas nestas grelhas são *Boswellia serrata, Bridelia cinerascens, Dolichandrone atrovirens, Phyllanthus indofischeri* e *Syzygium alternifolium.*
- Quatro espécies ameaçadas registadas nesta zona são *Aegle marmelos, Pterocarpus santalinus, Syzygium alternifolium e Terminalia pallida.*

- O Índice de Prioridade de Conservação (IPC) desta zona varia entre 18 e 20 (**Tabela -12B**).

Nestas grelhas podem ser observadas mais plantas endémicas e boas manchas de florestas decíduas secas. *Pterocarpus santalinus*, a liana-vermelha, uma espécie endémica dos Ghats Orientais do Sul e uma planta ameaçada desta zona, foi encontrada ilegalmente cortada para obter a sua valiosa madeira (madeira de coração vermelho-marrom). Devido ao corte ilegal, os caules encontram-se numa classe de perímetro baixa. É necessário proteger esta espécie.

Zona de Cumbum

Duas grelhas desta zona necessitam de prioridade de conservação. São elas 57 M/1 SW1 e 57 M/1 SW2 que se estendem numa faixa altitudinal de 721-756m MSL.

- A riqueza de espécies da zona varia entre 40-56 espécies.
- Nesta zona encontram-se quatro espécies endémicas: *Bridelia cinerascens, Dolichandrone atrovirens, Eriolaena lushingtonii e Syzygium alternifolium.*
- *Albizia thompsonii, Eriolaena lushingtonii, Syzygium alternifolium* e *Terminalia pallida* são espécies arbóreas ameaçadas registadas nesta zona.
- O Índice de Prioridade de Conservação (IPC) desta zona varia entre 20 e 24 (**Tabela -12B**).

A Eriolaena lushingtonii e a *Terminalia pallida* são plantas ameaçadas desta zona, com fracos indivíduos maduros e potencial de regeneração. Devido à elevada pressão antropogénica, estão a ser ameaçadas. As áreas prioritárias possuem não só uma elevada riqueza de espécies, mas também o maior número de espécies endémicas e ameaçadas. Por conseguinte, qualquer impacto negativo nestas zonas conduzirá a uma alteração da sua composição. Isto pode ainda resultar na perda de espécies endémicas e ameaçadas que são importantes para a conservação.

QUADRO-12A: ATRIBUTOS UTILIZADOS PARA O ÍNDICE DE PRIORIDADE DE CONSERVAÇÃO

Pontuação	Alcance da elevação	Riqueza de espécies	Endémicas	RET
10	> 800	>75	6	5
8	600-800	61-75	5	4
6	400-600	46-60	4	3
4	200-400	31-45	3	2
2	<200	16-30	2	1

TABELA-12B: ÁREAS PRIORITÁRIAS DE CONSERVAÇÃO DE NALLAMALAIS

S. Não.	Área prioritária	Toposheet/ Grelha	Elev.	Microfones finais	Ameaçado	SR	IPC
1	Saleswaram	56 L/12 NE2	10	4	8	8	30
2		56 L/12 SW2	6	6	10	6	28
3		56 L/12 SW4	6	4	2	3	15
4	Srisailam	56 L/16 SE2	6	4	6	6	22
5		56 L/16 SE3	6	4	6	6	22
6		56 L/16 SE4	8	4	6	6	24
7		56 L/16 SW2	8	6	4	6	24
8		56 L/16 SW4	6	4	2	6	18
9	Gundla brahmeswaram	57 I/10 NE3	8	4	8	4	24
10		57 I/10 NE4	8	4	6	8	26
11		57I/10SE1	6	4	8	4	22
12	Ahobilam	57 I/12 NE1	4	4	4	6	18
13		57I/12SE2	4	4	4	6	18
14		57I/12SE3	4	4	6	6	20
15	Cumbum	57 M/1 SW1	8	4	4	4	20
16		57 M/1 SW2	8	4	6	6	24

ESTRATÉGIAS DE CONSERVAÇÃO

Com base no inventário de amostragem do presente trabalho, são propostas as seguintes estratégias-chave para a conservação efectiva dos recursos arbóreos em Nallmalais.

1. Declarar as áreas prioritárias para conservação como "pontos críticos locais" pelo departamento florestal estatal e assegurar uma maior proteção.

2. O departamento florestal do Estado e o CCG devem assegurar a colheita sustentável de recursos arbóreos com importância económica variada, especialmente de PFNL. Para o efeito, devem ser organizados programas de formação intensiva para as comunidades tribais e outras por agências governamentais e não governamentais para promover a sensibilização.

3. Concentrar a atenção imediata nas árvores identificadas como criticamente ameaçadas pelo sector florestal. A informação a este respeito será comunicada ao Botanical Survey of India e à IUCN pela equipa de investigadores.

4. Conservação *ex situ* de espécies ameaçadas de Nallamalais identificadas no parque de biodiversidade de Sunnipenta (Srisailam) e noutros jardins botânicos do Estado.

5. Monitorização regular dos recursos arbóreos da área de estudo para avaliar as alterações estruturais e funcionais da vegetação natural e os factores de perturbação.

6. Deve ser lançada o mais rapidamente possível uma abordagem multidisciplinar orientada para a ação e altamente coordenada sobre a conservação dos recursos arbóreos, integrando o departamento florestal, as organizações não governamentais, os organismos científicos das universidades e as instituições de investigação, com a cooperação das comunidades locais.

A informação acumulada no presente trabalho será divulgada ao departamento florestal estatal para acções futuras. As informações sobre as árvores ameaçadas serão comunicadas ao Botanical Survey of India e ao IUCN, Plant Specialist Group of Indian Sub-Continent.

REFERÊNCIAS

Ahmedullah, M. e M. P. Nayar (1986) *Endemic Plants of Indian Region.* Vol.1. (Peninsular India) Botanical Surey of India, Calcutá.

Alan, Butterworth (1911) *Some Madras Trees.*Madras.

Alelign Alemnew, Demel Teketay , Yonas Yemshaw e Sue Edwards (2007) Diversidade e estado da regeneração de plantas lenhosas na península de Zegie, noroeste da Etiópia. *Trop. Ecol.*48(1): 37-49.

Anderson, R. P. e E. Martinez-Meyer (2004) Modelação da distribuição geográfica das espécies para uma avaliação preliminar da conservação - uma aplicação com os ratos de bolso (heteromys) do *Equador. Biol. Conserv.* 116: 167-179.

Anjan Kumar, B. N., H. C. Hobe Gowda e R. Vasudeva (2004) A note on air layering in Saraca asoca (Roxb.) De Wilde. *Journal of Non-Timber Forest Products.11(1):* 34-35.

Anónimo (1992) *Global Biodiversity Strategy.* Publicação WRI/IUCN/UNEP.

Anónimo (1996) *Sacred and Protected groves of Andhra Pradesh,* WWF-India, Andhra Pradesh State Office, Hyderabad.

Anónimo (1998) *Proc. do Seminário sobre Conservação de Plantas Medicinais de Nallamalais.* Gabinete do projeto *APFD*, Srisailam.

Anónimo (2000) *National Biodiversity Strategy and Action Plan - India, Guidelines and Concept Papers.* Ministério do Ambiente e das Florestas, Governo.

APG (2003) Uma atualização da classificação do Angiosperm Phylogeny Group para as ordens e famílias de plantas com flor: APG II. *Botanical Journal of the Linnean Society* 141: 399-436.

Arthur, M. Selwyn e N. Parthasarathy (2006) Traços reprodutivos e fenologia de plantas em florestas tropicais secas e sempre-verdes na costa de Coromandel, na *Índia.* 15: 3207-3234.

Arun, P. R., A. Rajasekharan, P. A. Azeez e S. Bhupathy (2002) Impact of Anthropogenic pressure on the biodiversity of Kolli Hills, Eastern Ghats. In: *Proc. Nat. Seminário sobre Conservação dos Ghats Orientais.* pp.175-178.

Arya, K.R. e S. C. Agarwal (2006) Conservation of Threatened medicinal and folklore plants through cultivation in Uttaranchal. *Ethnobotany.* 18 : 77-86.

Austin, M. P. (1977) Use of ordination and other multivariate descriptive methods to study succession. *Vegetatio.3:* 165-175.

Austin, M.P., P.S. Ashton, e P. Greig-Smith (1972) The application of quantitative methods to vegetation survey III. A re-examination of rain forest data from Brunei./*Ecol.60:* 305-324.

Ayyappan, N. and N. Parthsarathy (1999) Biodiversity inventory of trees in a large scale permanent plot of tropical evergreen forest at Varagalaiar, Anamalais, Western Ghats, India. *Biodivers.Conserv.* 8: 1533-1554

Balakrishnan, N.P. & T. Chakrabarthy (2007) *A família Euphorbiaceae na Índia. Uma sinopse do seu perfil, taxonomia e bibliografia.* Bishen Singh & Mahendra Pal Singh, Dehra Dun.

Balasubramanian, P. e A. Rajasekaran (1998) Utilização de plantas silvestres por comunidades tribais na diversidade florestal de Sathyamangalam, Ghats Orientais. *Proc. Nat. Seminário sobre Conservação dos Ghats Orientais, EPTRI- ENVIS.* pp. 335-344.

Beddome, R. H. (1869-74) *The Flora of Sylvatica for Southern India* (3 vols), Madras.

Behera, Mukunda Dev e Shalini Srivastava, S. P. S. Kushwaha e P. S. Roy (2000) Stratification and Mapping of Taxus baccata L. bearing forests in Talle Valley using remote sensing and GIS. *Curr. Sci.* 78(8): 1008-1009.

Belote, R. Travis, Rober H. Jones, Sharon M. Hood e Bryan W. Wender (2008) Diversity-Invasibility across an experimental disturbance gradient in Appalachian *forests.Ecology.* 89(1): 183-192.

Benthall, A. P. (1946) *Trees of Calcutta and its neighbourhood - Calcutta.*

Bentham, G. e J.D. Hooker (1862-1883) *Genera Plantarum.* 3 Vols. London.

Bhakshu, L. Mohammad (2002) *Avaliação etno-médico-botânica e fitoquímica de certas plantas medicinais raras, endémicas e ameaçadas dos Ghats Orientais, Índia.* Tese de doutoramento, Universidade Sri Krishnadevaraya, Anantapur.

Bhandari, B. S., D. C. Nautiyal e R. D. Gaur (1999) Structural attributes and productivity potential of an alpine pasture of Garhwal Himalaya. *J. Ind. Bot. Soc.* 78: 321-329.

BIODEV (Biodiversidade e Desenvolvimento) (1994) *Estudo sobre a recolha de espécimes selvagens de plantas e animais malgaxes destinados à exportação (com ênfase nas regiões escolhidas para o desenvolvimento de futuros projectos)* Estudo IIb para o projeto TRADEM. Antananarivo, Madagáscar.

Blatter, E. (1926) *Palms of British India and Ceylon,* OxfordUniversity Press.

Blatter, E. (1929) The Indian species of *Terminalia Linn.Journ. Indian Bot. Sci.* 8: 245-262.

Blatter, Elhelbert e W. S. Millard (1954) *Some beautiful Indian Trees,* Ed. 2 Rev. por W. T. Stearn. Bombay.

Blatter, S. J. (1937) *Some beautiful Trees of India;* John Bale Sons & Cornola Ltd., Great Litchfield St., Londres.

Bongers, F., D. Engelen e H. Klinge (1985) Phytomass structure of natural plant communities on spodosols in southern Venezuela: the Bana woodland. *Vegetatio.* 63: 13-34.

Boom, B. (1986) A forest inventory in Amazonian Biolivia. *Biotropica18:* 287-294.

Boom, B. (1989) Use of plant resources by chacobo.*Advances in Economic Botany.7:* 78-96.

Bor, N. L. (1953) *Manual of IndianForest Botany.* Oxford University Press.

Boraiah, K. T., Shonil Bhagwat, C. G. Kushalappa e R. Vasudeva (2001) em *Tropical Ecosystems: Structure, Diversity and Human Welfare* (eds Ganeshaiah, K. N., R. Uma Shaanker e K. S. Bawa) Oxford and IBH, New Delhi. pp. 561-564.

Bose, T. K., P. Das e G. G. Maiti (1998) *Trees of the World.Vol.1,* Regional Plant Resource Centre, Bhubaneswar, Orissa, Índia.

Bose, T.K., S.K. Bhattacharjee, P. Das e U.C. Basak (1999).*Orchids of India.* Naya Prokash, Calcutá, Índia.

Boulton, E. M. B. (1944) *Pocket Book of British Trees.* London.

Bourdillion, F. T. (1908) *The forest trees of Travancore.* Travancore Govt. Press, Trivandrum (repr. ed. 1993. Periodical Expert Book Agency, Nova Deli)

Brandis, D. (1906) *Indian trees.* Archibald Constable and Co, Londres. (repr. ed. 1998. Bishen Singh Mahendra Pal Singh, Dehra Dun)

Bunyavejchewin, S. (1999) Structure and dynamics in seasonal dry evergreen forest in north eastern Thailand. *J. Veg. Sci.* 10: 787-792.

Caldecott, J.O., M.D. Jenkins, T.H. Johnson e B. Groombridge (1996) Priorities for conserving global species richness and *endemism.Biodivers.Conserv.* 5: 699727.

Cameron, J. (1894) *Forest Trees of Mysore & Coorg.* Govt. Press. Bangalore.

Campbell, D.G. (1989) Quantitative inventory of tropical forests.In Cambell, D.G. and H. D. Hammond (ed.), *Floristic inventory of tropical countries.The* New York Botanical Garden, New York.

Campbell, D.G., D. C. Daly, G.T. Prance, and U.N. Macial (1986) Quantitative ecological inventory of terra firme and varzea tropical forest on the Rio Zingu, Brazilian Amazon. *Brittonia,*38: 369-393.

Caniago, Izefri e Stephen Siebert (1998) Medicinal plant Ecology, knowledge and conservation in Kalimantan, Indonesia. *Botânica Económica.*52(3): 229-250.

Cannon, C.H., D.R. Peart e M. Leihton (1998) Tree species diversity in commercially logged Bornean rain-forest. *Conserv.31:* 225-232.

Carneiro, R.L. (1978) O conhecimento e uso de árvores da floresta tropical pelos índios kuikuru do Brasil central. *Em* R.I. Ford (ed.) *The nature and status of ethnobotany.* pp. 201-206. Anthropological papers No. 67. Universidade de Michigan, Ann. Arbor.

Chakrabarthy, T. e M. Gangopadhyay (1996a) O género *Acacia* P. Miller (Leguminosae: mimosoideae) na Índia. *J. Econ. Tax. Bot.* 20: 499-533.

Chakrabarthy, T. e M. Gangopadhyay (1996b) O género *Albizia* Durazz. (Leguminosae: mimosoideae) na Índia. *J. Econ. Tax. Bot.* 20: 581-597.

Chaluvaraju, B.S. Deepali Singh, M. Nageswara Rao, G. Ravikanth e K.N. Ganeshaiah, R. Uma Shaanker (2001) Conservation of bamboo genetic resources in Western Ghats: Status, threats and strategies. In: *Forest Genetic Resources: Status, Threats and Conservation Strategies*, Umashaanker, R., K. N. Ganeshaiah and K. S. Bawa (eds) Oxford and IBH Publications Co. Pvt. Ltd., Nova Deli. pp. 99113.

Champion, H.G. e S.K. Seth (1968) *A Revised Survey of the forest types of India.* Governo da Índia, Nova Deli.

Chapman Elise L., Jeffrey Q. Chambers, Kenny F. Ribbeck, Dave B. Baker, Mark A. Tobler, Hongcheng Zeng e David A. White (2008) Hurricane Katrina impacts on forest trees of Louisiana's PearlRiver basin. *Forest Ecology and Management.*256: 883-889.

Chaudhuri, A. B. (1967) Studies on the Meliaceae of India and neighbouring countries. *Bull. Bot. Soc. Bengal.* 21: 1-24.

Chemli, R. (1997) Medicinal, aromatic and culinary plants of Tunisian flora.In *Proc. of the International Expert Meeting on Medicinal, Culinary and Aromatic Plants in the Near East.*Cairo, Egipto 19-21 de maio de 1997. Gabinete Regional da FAO para o Próximo Oriente.

Chikamai, B. (1997) Production, markets and quality control of gum arabic in Africa: Resultados e recomendações de um projeto da FAO. Em J.O. Mugah, B.N. Chikamai e E. Casadei, eds. *Conservation, management and utilization of plant gums, resins and essential oils (Conservação, gestão e utilização de gomas vegetais, resinas e óleos essenciais).* Proc. de uma conferência regional para África realizada em Nairobi, Quénia, 6-10 de outubro de 1997.

Chittibabu, C. and N. Parthasarathy (2000) Attenuated tee species disversity in human-impacted tropical evergreen forest sites at Kolli Hills, Eastern Ghats, India. *Biodivers.Conserv.* 9: 1493-1519.

Colding, J, e C. Folke (1997) The relations among threatened species, their protection and taboos. Conserv.Ecol (online), 1-6.http://www.consecol.org /voll/iss1/art6

Collar, N.J. (1996) *The reasons for Red Data Books. Oryx* 30: 121-130.

Collinson, C., D. Burnett e V. Agreda (2000) *Economic viability of Brazil nut trading in Peru*, Chatham Maritime, Kent, UK, Natural Resources Institute, University of Grenwich.

Colthurst, I. (1937) *Familiar Flowering Trees in India,* Tacker Spink & Co., Bombaim.

Condit, R., P. S. Ashton, P. Baker, S. Bunyavejchewin, S. Gunatilleke e 10 outros (2000) Spatial patterns in the distribution of tropical tree species. *Science.288:* 1414-1418.

Condit. R., S.P. Hubell, J.V. LaFrankie, R. Sukumar, N. Manokaran, R.B. Foster e P.S. Ashton (1996) Species area and species individual relationship for tropical trees: Uma comparação de três parcelas de 50ha. *J. Ecol.* 84: 549-562.

Cook, F. E. M. (1995) Economic Botany-Data collection Standard-prepared for the International Working Group (TDWG) Royal Botanic Gardens, Kew.

Cotton, C.M. (1997) *Ethnobotany: Principles and applications.* John wiley & Sons.Chi Chester.

Cowen, D. V. (1950) *Flowering Trees and Shrubs in India.* Thacker & Co., Bombaim.

Cristian Torres-Díaz, Eduardo Ruiz, Fidelina González, Glenda Fuentes e Lohengrin A. Cavieres (2007) Genetic Diversity in *Nothofagus alessandrii* (Fagaceae), an EndangeredEndemic Tree Species of the Coastal Maulino Forest of Central Chile. *Anais de Botânica,* 100: 75-82.

Cronquist, A. J. (1968) *The Evolution and Classification of Flowering plants.* Londres.

Cullen, L.E., G.H. Stewart, R.P. Duncan e G. Palmer (2001) Disturbance and climate warming influences on New Zealand Nothofagus tree - line population dynamics *J. Ecol89:* 1061 - 1071.

Cunningham, W.P. e B.W. Saigo (1999) *Environmental Sciences: Uma Preocupação Global.* Boston, EUA: The McGraw-Hill Companies, Inc.

Curtis, J. T. e G. Cottam (1956) Plant *Ecology Work book.* Laboratory field Reference Manual. Burgess Publ. Co., Minnesota.

Curtis, J. T. e R. P. Mclntosh (1950) The interrelationships of certain analytic and sunthetic phytosociological characters. *Ecology.31:* 434 - 455.

Dallmeier, F. (1992) Long term *Monitoring of Biological Diversity in TropicalForest areas, Methods for establishment and Inventory of permanent plots. MAB Digest.11:* UNESCO, Paris.

Davis, S.D., V. H. Heywood e A. C. Hamilton (eds.) (1995) *Centres of Plant Diversity: A Guide and Strategy for Their Conservation. Volume 2: Asia, Australasia and the Pacific.* Worldwide Fund for Nature (WWF) e IUCN (The World Conservation Union), IUCN Publications, Universidade de Cambridge.

Davis, T. A. W. e P. W. Richards (1934) The vegetation of Moraballi Creek, British Guiana: an ecological study of a limited area of tropical rainforest. II. *J. Ecol.* 22: 106-155.

De Beer, J.H. e M.J. McDermott (1989) *Economic Value of Non-timber Forest Products in Southeast Asia.* Comité dos Países Baixos para a IUCN, Amesterdão.

Deb, D. B. (1989) Taxonomic revision of the Genus *Hymenodictyon* (Rubiaceae) in India.*J. Econ. Tax. Bot.* 13(3): 675-684.

Dirk Willem te Velde (2004) Successful NTFP commercialization *A quantitative analysis based on household and trader level Data.* UNEP-WCMC e ODI.

Ellis, J. L (1987) *Flora of Nallamalais.Vol.* 1.Fl.Ind. Ser. 3. Botanical Survey of India, Calcutá.

Ellis, J. L (1990) *Flora of Nallamalais.Vol.* 2.Fl.Ind. Ser. 3. Botanical Survey of India, Calcutá.

Ellis, J.L. (1982) Willd plant resources of Nallamalais on the Eastern Ghats.*National Seminar on Resources Development and environment of the Eastern* Ghats, A.P., Visakhapatnam.65-68.

FAO. (2000) *Community-based tree and forest product enterprises: Market Analysis and Development.* Lecup I and Nicholson K (Eds) Food and Agriculture Organization of the United Nations, Rome.

Feller, W. (1943) Uma classe geral de distribuição contagiosa. *Ann. Math. Stat.* 14: 389-400.

Fensham, R. J. (1995) Floristic an environmental relations of inland dry rainforest in north Queensland, *Australia.Journal of Biog.* 22: 1047-1063.

Fox, J.E.D (1967) An enumeration of lowland Dipterocarp forest in Sabah. *Malay. Forester,* 30: 202-206.

Fyson, P. F. (1931) *The Flora of South Indian Hill Stations.* Madras.

Gadgil, M. and M.V. Meher Homji (1985) *Ecology and Management of World's Savannas* (eds Tothill,V.M. and Molt, J.C) AustralianAcademy of Science, Canberra. pp107-113.

Gamble, J. S. e C. E. C. Fischer (1915-35) *Flora of the Presidency of Madras.* London rep. ed. 1957.Calcutá.

Gamble, J.S. (1881) *A manual of Indian timbers.* (repr. ed. 2001) International Book Distributors, Dehra Dun.

Ganeshaiah, K.N. (2002) *Atlas de biodiversidade para o país: um pré-requisito para a conservação.* In: *Biodiversity* (Eds) Ramamurhti Pallapalli and Geetha Bali.APH Publishing Corporation New Delhi. Pp 15-28.

Ganeshaiah, K.N. e R. Umashaanker (1998) Contours of conservation- A national agenda for mapping biodiversity. *Curr. Sci,* 72(3): 292-298.

Ganeshaiah, K.N. e R. Umashaanker (1999) Planning conservation strategies, *GIS@Dev.,* 3(5): 67-69.

Ganeshaiah, K.N. e R. Umashaanker (2000) Measuring biological heterogeneity of forest vegetation types: avalanche index as an estimate of biological diversity. *Biodiver.Conser.* 9: 953-963.

Ganeshaiah, K.N. e R. Umashaanker (2003) A decade of diversity, uma publicação da UAS-ATREE, Bangalore.

Geldenhuys, C. J. e B. Murray (1993) Observations of the effects of drought on evergreen and deciduous species in the Eastern cape forests. *S. Afr. J. Bot.* 59: 522-534.

Gentry, A. H. (1988) Changes in plant community diversity and floristic composition on environmental and geographical gradients.*Ann.Mo. Bot. Gard.* 75: 1-34.

Gerhardt, K. e H. Hytteborn (1992) Natural dynamics and regeneration methods in tropical dry forests: Uma introdução.*Journal of Veg. Sci.* 3: 361-364.

Gillespie, W. Thomas, Alfredo Grijalva e Christine N. Farris (2000) Diversity, Composition and Structure of tropical dry forests in Cental America. *Pl. Ecol.* 147: 37-47.

Gopal, S. Rawat (1997) Conservation status of forests and Wildlife in the Eastern Ghats, *India. Environ. Conserv.* 24(4): 307-315.

Goud, Sai Prasad P. (1997) *Ethno-Medico-Botanical studies in Kurnool district.* Tese de doutoramento apresentada à Universidade Sri Krishnadevaraya, Anantapur.

Goud, Sai Prasad P. e T. Pullaiah (1996) Ethnobotany of Kurnool district, Andhra Pradesh. In *Ethnobiology of Human welfare. S.* K. Jain (ed.) 410-412. Deep publications, New Delhi.

Goud, Sai Prasad P., T. Pullaiah e K. SriRama Murthy (1999) Fitoterapia nativa para febre e malária de Kurnool Dist. Andhra Pradesh./. *Econ. Tax. Bot.* 23(2): 337-340.

Goud, Sai Prasad, P. *et al.* (2002) Screening of Antibacterial and Antifungal Activity of some Medicinal Plants of Nallamalais, Andhra Pradesh, India./. *Econ. Tax.Bot.* 26(3): 677-684.

Greg-Smith, P. (1983) *Quantitative plant ecology.3rd* edn.Oxford, Blackwell.

Hadi, Susilo, Thomas Ziegler, Matthias Waltert e J. Keith Hodges (2009) Tree diversity and forest structure in northern Siberut, Mentawai islands, Indonesia. *Trop. Ecol.* 50(2): 315-327.

Hajra, P.K., R.R.Rao, D.K.Singh e B.P.Uniyal (1995a) *Flora of India. Volume 13: Asteraceae (Inuleae-Vernonneae).Botanical* Survey of India, Calcutá.

Hajra, P.K., R.R.Rao, D.K.Singh e B.P.Uniyal (1995b) *Flora of India. Volume 12: Asteraceae (Anthemideae-Heliantheae).* Botanical Survey of India, Calcutá.

Hajra, P.K., V.J.Nair e P.Daniel (1997) *Flora of India. Volume 4: Malphigiaceae-Dichapetalaceae.* Botanical Survey of India, Calcutá.

Heany, A. e J. Proctor (1990) Preliminary studies on forest structure and floristics on Volcan Barva, Costa Rica. J. Trop. Ecol. 6: 307-320.

Henle, K., S. Sarre e K. Wiegand (2004) The role of density regulation in extinction processes and population viability analysis. *Biodivers.Conserv.13:* 952.

Herrera, C. M., P. Jordano, J. Guttian e A. Trraveset (1998) Variabilidade anual na produção de sementes por plantas lenhosas e o conceito de masting: Reavaliação dos princípios e relação com a polinização e dispersão de sementes. *Am. Nat.* 152: 576594.

Holsinger, K. E. (2000) Demography and extinction in smal populations.in A. Young and G. Clarke, eds: *Genetics, demography, and the viability fragm-ented populations.*CambridgeUniversity Press, Cambridge. Pp 55-72.

Hooker, J. D. (ed.) (1872-1897) *Flora of British India* (7 Vols.)Londres.

Houghton, R. A., J. L. Hackler e K. T. Lawrence (2000) Changes in terrestrial carbon storage in the United States. 2. The role of fire and fire management. *Global Ecol. Biogeogr.9:145-170.*

Hubbell, S. P. (1979) *A unified theory of biogeography and relative species abundance.* PrincetonUniv. Press, Princeton.

Hubbell, S. P. (2005) Neutral theory in community ecology and the hypothesis of functional equivalence.*Funct.Ecol.* 19:166-172.

Hubbell, S. P. e R. B. Foster (1983) Diversidade de árvores de copa numa floresta neotropical e implicações para a conservação. In: Sutton, S. L., T. C. Whitmore e A. C.

Chadwick (eds.) *Tropical rainforest: ecology and management. Blackwell Scientific Publishers, Oxford.25-41.*

Huston, M.A. (1994) *Biological diversity: the coexistence of species on changing landscapes.* Cambridge University press, Cambridge.

Ilorkar, V.M. & Khatin, P.K. (2003) Phytosociological study of NavegonNational Park. *Indian Forester* 129: 377-387.

Ilyas Orus e Jamal A. Khan (2005) Avaliação da mortalidade das árvores e do padrão de regeneração pós-fogo no Santuário de Vida Selvagem de Binsar, Kumaon Himalaya. *Trop. Ecol.* 46(2): 157-163.

Ireland, S. M. (1934) *Trees and Shrubs of Punjab.* Uttar Chand Kapur & Sons, Lahore.

IUCN (2016). *The IUCN Red List of Threatened Species.Version 2014.1.<http://www.* iucnredlist.org> Acedido a partir de 13th abril, 2016.

Jadhav S. N. e K. N. Reddy (2006) Threatened Medicinal plants of Andhra Pradesh. *Boletim informativo da ENVISSDNP, EPTRI.18-28.*

Jadhav, S. N., D. K. Ved, U. Ghate, K. N. Reddy e C. S. Reddy (2001) *Conservation assessment and management planning (CAMP)for medicinal plants of Andhra Pradesh.* Centro de Conservação de Plantas Medicinais (MPCC) e FRLHT, Hyderabad. 1-92.

Jadhav, S.N. e K. N. Reddy (2002) In situ conservation of medicinal plants in Andhra Pradesh (Conservação in situ de plantas medicinais em Andhra Pradesh). In: *Proc. Nat. Seminário sobre Conservação dos Ghats Orientais.* 34-54.

Jain, S. K e R.R. Rao (1977) *Hand Book of Field and Herbarium Methods.* Today & Tomorrow Printers and Publishers, Nova Deli.

Janzen, D. H. (1998) Tropical dry forests: O principal ecossistema tropical mais ameaçado. Pp. 130-137. In: Wilson, E.O. (ed.), Biodiversity. National Academic press, Washington, DC.

Jayamma, K. (2008) *Non-Timber Forest Products inventory and quantification-a case study from Nallamalais.*M.Phil dissertation.Sri Krishnadevaraya University, Anantapur.

Jeevan Ram, A., eR.R . Venkataraju (2007) Plantas medicinais raras e pouco conhecidas de Nallamalais de Ghats orientais, Índia. *Journal of Plant Sciences2(1):*

113-117.

Johns, T., J.O. Kokwaro e E.K. Kimanani (1990) Herbal remedies of the Luo of Siaya District, Kenya: establishing quantitative criteria for conservation. *Botânica Económica.44:* 369-381.

Kadavul, K. e Parthasarathy (1999) Plant diversity and conservation of tropical semi-evergreen forest in the Shervarayan hills of Eastern Ghats, India. *Trop. Eco.* 40: 247-260.

Kalbokidis, K. D. e R. H. Wakimoto (1992) Prescribed burning in uneven aged stand management of Ponderosa pine/Douglas Fir forest. *Journal of Environmental Management.* 34: 221-235.

Kanade, R., M. Tadwalkar, J. Joshi, S. Shukla, K. Champhekar, S. Bhawalkar, S. Mone, S. Raghavendra, M. Chandrasekar, M. Sardesai, C. Kushalappa e A. Patwardhan (2008) Vegetation survey of Chandoli National Park from northern Western Ghats of India. *J. Econ. Tax. Bot.* 32(4): 930-938.

Karthikeyan, S., S.K. Jain, M. P. Nayar e M. Sanjappa (1989) *Florae Indicae Enumeratio Monocotyledonae.* Fl. Ind. Ser. 4.Botanical Surey of India.Calcutta.

Kaushal, K.K., V.K. Melkani e J. C. Kala (2005) Sustainable poverty alleviation through a forestry project in TamilnaduState of India. *International Journal of Sustainable Development and World Ecology.*12(3): 347-352.

Keer, J.T. e M. Ostrovsky (2003) From space to species: Ecological application for remote sensing. *Trends Ecol. Evol.* 18: 299-305.

Khadar Basha, S., B. Sadasivaiah e B. Ravi Prasad Rao (2009) Wild Edible Fruit Resources in Southern Eastern Ghats of Andhra *Pradesh.International Journal of forests and Usefructs Management* (IN PRESS).

Khan, M. L., J. P. N. Rai e R. S. Tripathi (1987) Population structure of some tree species in disturbed and protected sub tropical forests of northeast India.*Ata Oecol-Oec. Appl.* 8(3): 247-255.

Khan, M. S. (1953) *Forest Flora of Hyderabad State.*Hyderabad.

Kharkwal Geeta, Poonam Mehrotra, Y. S. Rawat e Y.P.S. Pangtey (2005) Phytodiversity and growth form in relation to altitudinal gradient in the Central Himalayan (Kumaun) region of India. *Curr. Sci.* 89(5): 873-878.

Kilburon, P. (1966) Analysis of the species-area relation. *Ecologia* 47: 831-843.

Knight, D. H. (1975) A Phytosociological analysis of species rich tropical forest a Barro Colorado Island, Panama.*Ecol. Monogr.* 45: 259-284.

Koellner, T., A.M. Hersperger e T. Wohlgemuth (2004) Rerefraction method for assessing plant species diversity on a regional scale. *Ecografia,* 27: 532-544.

Kramer, E. A. (1997) Measuring landscape changes in remnant tropical dry forests. 386-399. In: Laurance, W. F. e R. O. Bierregaard (eds), Tropical forest remnants. The University of Chicago Press, Chicago.

Krishna Mohan, R (1987) *Estudos sistemáticos sobre a flora do distrito de Prakasam, Andhra Pradesh, Índia.* Tese de doutoramento da Universidade de Andhra, Visakhapatnam.

Krishna Mohan, R. e P. V. Bhirava Murthy (1992) Plantas utilizadas na medicina tradicional por tribais do distrito de Prakasam, Andhra Pradesh. *Ciência Antiga da Vida.* 11(3)&(4): 176-181.

Krishnamurthy, K. V., R. Siva e T. Senthil Kumar (2002) Plantas produtoras de corantes naturais das colinas de Shervaroy dos Ghats Orientais. In: *Proc. Seminário Nacional sobre Conservação dos Ghats Orientais.* 151-153.

Kumar, Dharmachandra, T. (1995) Ethno-Medico-Botanical Studies in Mahaboob Nagar. Tese de doutoramento, apresentada à Universidade Sri Krishnadevaraya, Anantapur.

Kumar, Dharmachandra, T. e T. Pullaiah (1999) Ethno-medicinal uses of some plants of Mahabub-Nagar Dist., Andhra Pradesh, India. *J. Econ.Tax. Bot.* 23(2): 341-345.

Kumar, M. e P. S. Swamy (2007) Estrutura da população de árvores e regeneração de espécies de árvores em seis bosques sagrados seleccionados em Tamil *Nadu.Journal of Swamy Botanical Club*, 24(9): 9-20.

Kumar, Ranjeet e Vidya Thakur (2008) Effect of forest fire on trees, shrub and regeneration behaviour in Chir pine forest in northern aspects under Solan forest division, Himachal Pradesh. *Indian Journal of Forestry.* 31(1): 19-27.

Kumar, S.V. e M. Bhanja (1992) Forestry seed manual of Andhra Pradesh. Research & Development Circle, Andhra Pradesh Forest Department, Hyderabad, Índia.

Lamoreux John, H. Resit Akcakaya, Leon Bennum, Nigel J. Collar, Luigi Boitani, David Brackett, Amie Brautigam, Thomas M. Brooks, Gustavo A.B.da Fonseca, Russell A.

Mittermeier, Anthony B.Rylands, Ulf Gardenfors, Craig Hilton-Taylor, Georgina Mace, Bruce A. Stein e Simon Stuart (2003) Value of the IUCN Red List. *TRENDS in Ecol. and Evol.* 18(5): 215-215.

Laurance, W. F., L.V. Ferreira, J. M. R. Merona e S. G. Laurance (1998) Rain forest fragmentation and the dynamics of Amazonian tree communities. *Ecology.* 79: 2032-2040.

Lerdau, M., J. Whitbeck e N. M. Holbrook (1991) Tropical deciduous forest: Morte de um bioma.*Trends Ecol. Evol.* 6(7): 201-202.

Linares-Palomino, Reynaldo e Susana I. Ponce-Alvarez (2009) Padrões estruturais e florística de uma floresta sazonalmente seca na Reserva Ecologica Cahparri, Lambayeque, *Peru.Trop. Ecol.* 50(2): 305-314.

Ludwig, J.A. e J.F. Reynolds (1988) Statistical ecology: a primer on methods and computing. John Wiley and Sons, Nova Iorque.

Lushington, A. W. (1915) *Vernacular list of trees, shrubs and woody climbers in the Madras Presidency,* Madras.

Mace, G.M. e S.N. Stuart (1994) Draft IUCN Red List Categories, Version 2.2. *Espécies.21-22:* 13-24.

Mani, S. e N. Parthasarathy (2005) Biodiversity assessment of trees in five inland tropical dry evergreen forests of Peninsular India.*Syst. Biodivers.* 3: 1-12.

Mani, S. e N. Parthasarathy (2009) População arbórea e alterações da biomassa acima do solo em duas florestas tropicais secas e sempre-verdes perturbadas da Índia peninsular. *Trop. Ecol.* 50(2): 249-258.

Manokaran, N., J. V. La Frankie Jr, e R. Ismail.Estrutura e composição das Dipterocarpaceae numa floresta tropical de planície na Malásia peninsular. In: Soerianegara, I., S.S. Rjitrosomo, R.C. Umaly e I. Umboh. *Actas da quarta mesa redonda de Dipterocarps,* pp.317-331.BIOTROP.Special publication No. 41, SEAMEO BIOTROP, Bogor.

Maria B. Garcia (2003) Viabilidade demográfica de uma população relíquia da planta criticamente ameaçada *Borderea chouardii.Conservation Biology.* 16(6): 1672-1680.

Martin, Gary J. (1995) *Ethnobotany, a methods manual.Chapman &* Hall.London.

Martin, W.H. (1989) The Role and History of Fire in Danial BooneNational Forest. Serviço Florestal dos EUA. Floresta Nacional Danial Boone, Winchester.K.Y.

Master, L.L. (1991) Assessing threats and setting priorities for conservation.*Conserv. Biol.* 5: 559-563.

McCann, C. (1947) *Trees of India*, Probasthian.

Mehr-Homji, V.M. (2001). *Bioclimatology and Plant Geography of Peninsular India*, Scientific Publishers, Jodhpur.

Mini Raj, N. e E.V. Nybe (1998) Endemic, rare, endangered and threatened medicinal plants of peechi forests in Kerala. *Golden jubilee Nat. Symp.on spices, Medicinal and aromatic plants biodiversity, conservation and utilization.* Calicute, Índia.16: 10-12.

Mishra, D.K. e S.C. Agarwal (2006) Threatened plants of North Western Ghats: Need to be oncluded in the red data book of Indian plants. Journal of NonTimberForest Products, 13(1): 73-76.

Moerman, D.E. (1991) A flora medicinal da América do Norte nativa: uma análise. *J. of Ethnopharmacology.*31: 1-42.

Mohandass, D. e Priya Davidar (2009) Floristic structure and diversity of a tropical montane evergreen forest (shoal) of the NilgiriMountains, Southern India. *Trop. Ecol*, 50(2): 219-229.

Mohanty, R. C., R. K. Mishra e S. Bal (2002) Phytosociological and Plant Diversity Studies of Similipal Biosphere Reserve. In: *Proc. Nat. Seminário sobre Conservação dos Ghats Orientais.* 16-26.

Mori, S.A., B.M. Boom, A.M. Carvalho e T. S. Dos Santos (1983) Florestas úmidas do sul da Bahia.*Bot. Rev.* 49: 155-232.

Mrosovsky, N. (1997) Credibilidade da IUCN criticamente ameaçada *Nature* 389, 436.

Mudgal, V. e P.K. Hajra (1997) *Floristic diversity and conservation strategies in India... Volume I: Cryptogams and Gymnosperms.* Botanical Survey of India, Calcutá.

Mudgal, V. e P.K. Hajra (1999a) *Floristic diversity and conservation strategies in India. Volume II: in the context of states and Union territories.* Botanical Survey of India, Calcutá.

Mudgal, V. e P.K. Hajra (1999b) *Floristic diversity and conservation strategies in India. Volume III: in the context of states and Union territories.* Botanical Survey of India, Calcutá.

Mueller-Dombois e H. Ellenberg (1974) *Aims and Methods of Vegetation Ecology.* John Wiley & Sons, Nova Iorque.

Muralidhara Rao, D. (1997) *Ethno-Medico-Botanical studies in Guntur district.* Dissertação de mestrado apresentada à Universidade Sri Krishnadevaraya, Anantapur.

Muralidhara Rao, D. e T. Pullaiah (2007) Ethnobotanical Studies on Some Rare and Endemic Floristic Elements of Eastern Ghats -Hill Ranges of South East Asia, India. *Ethnobotanical Leaflets 11: 52-70.*

Murphy, P. G. e A. E. Lugo (1995) Dry forests of Central America and the Caribbean. pp. 9-34. Em: Bullock, S. H., H. A. Mooney e E. Medina (eds.), Seasonally dry tropical forests. CambridgeUniversity Press, Cambridge.

Murthy, GVS e JHF Benjamin (2008) Nagarjunasagar-Srisailam Tiger Reserve. *In Floristic diversity of Tiger Reserves of India* (ed. Sanjappa, M., D.K. Singh, Paranjit Singh, Rajesh Copal) BSI, Kolkatta.

Murugesan, M e V. Balasubramaniam (2008) Rare, Endemic and Threatened Angiosperms of Velliangiri hills in Coimbatore district of Tamal Nadu.*Indian Journal of Forestry.* 31(2): 309-314.

Naik, Prabir Kumar (2008) Conservation of endangered flora and fauna of Chilika Lake.*Curr.Sci.* 94(4): 428-429.

Nair, K.K.N. and R. Jayakumar (2008) Phytogeography, endemism and affinities of the flora of new Amarambalam reserve forest in the Western Ghats of India. *Indian Journal of Forestry.* 31(2): 85-94.

Narasimham, K.R.S.L., and R. Bharath Kumar (2003) A note on some endangered medicinal plant as NTFPs of Eastern Ghats, Andhra Pradesh. *EPTRI. ENVIS - Newsletter.* 9(2).11.

Nascimento, M. T., J. Protor and D. M. Villela (1997) Forest structure, floristic composition and solis of an Amazonian monodominant forest on MaracaIsland, Roraima, Brazil. *Edinburgh Journal of Botany.* 54: 1-38.

Nath, P.C., A. Arunachalam, M.L. Khan, K. Arunachalam e A.R. Barbhuiya (2005) Análise da vegetação e estrutura da população arbórea da floresta tropical húmida de folha persistente no Parque Nacional de Namdapha e arredores, Nordeste da *Índia. Conserv,* 14: 2109-2136.

Nayar, M.P. (1996) *'Hot spots' of endemic plants of India, Nepal and Bhutan*.Tropical Botanical Garden and Research Institute, Palode, Trivandrum.

Nayar, M.P. e A.R.K. Sastry (1987) *Red data book of Indian Plants.* Vol. 1.Botanical Survey of India, Calcutá.

Nayar, M.P. e A.R.K. Sastry (1990) *Red data book of Indian Plants.* Vol. 2&3.Botanical Survey of India, Calcutá.

Negi, S.S. (1992) *Minor Forest Products of India*. Periodical Experts Book Agency, Delhi.

Neginhal, S.G. (2004) *Forest Trees of South India (Árvores florestais do Sul da Índia)*, Bangalore.

Newbery, D. McC., E.J.F. Campbell, Y.F. Lee, C.E. Ridsdale e M.J. Still (1992) Primary lowland Dipterocarp forest at Danum valley, Sabah, Malaysia: structure, relative abundance and family composition. *Phil. Trans. Oyal Soc. Lond.335:* 341-356.

NRSA (2007) *Biodiversity characterization at landscape level in Eastern Ghats and East coast using satellite remote sensing and Geographical Information Systems.*National Remote Sensing Agency.Department of Space & Department of Biotechnology, GOI.

Ojo, L.O. e B.A. Ola-Adams (1996) Measurement of tree diversity in the Nigerian rainforest.*Biodivers.Conserv.* 5: 1253-1270.

Padalia, Hitendra, Nidhi Chauhan, M. C. Porwal e P. S. Roy (2004) Phytosociological observations on tree species diversity of Andaman Islands, India.*Curr. Sci.* 87(6): 799-806.

Pandey, S. K. (2000) Population status and regeneration strategy of some perennial legumes in plantation forests of north-eastern Uttar Pradesh.Ph.D. Thesis, DDU Gorakhpur University, India.

Pare, Souleymane, Patrice Savadogo, Mulualem Tigabu, Per Christer Oden e Jean Marie Ouadba (2009) Regeneração e distribuição espacial da população de plântulas na floresta seca do Sudão em relação ao estado de conservação e à pressão humana. *Trop. Ecol.*50(2): 339-353.

Parthasarathy, N. (1999) Diversidade e distribuição de árvores em locais não perturbados e com impacto humano de florestas tropicais húmidas de folha persistente no sul dos Ghats Ocidentais, *Índia.* 8: 1365-1381.

Parthasarathy, N. (2001) Changes in forest composition and structure in three sites of tropical evergreen forests around Sengaltheri, Western Ghats. *Curr. Sci.* 80: 389-393.

Parthasarathy, N. e R. Karthikeyan (1997) Plant biodiversity inventory and conservation of two tropical dry evergreen forests on the Coromandel coast, south India.*Biodivers.Conserv.* 6: 1063-1083.

Pielou, E. C. (1969) An Introduction of Mathematical Ecology. John Wiley & Sons. Nova Iorque.

Pielou, E. C. (1975) Ecological Diversity. John Wiley & Sons. Nova Iorque.

Pielou, E.C. (1960) Um mecanismo único para explicar as populações regulares, aleatórias e agregadas.*J. Ecol.* 49: 574-584.

Pitchairamu, C., K. Muthuchelian e N. Siva (2008) Inventário florístico e análise quantitativa da vegetação da floresta tropical decídua seca na floresta de Piranmalai, Ghats orientais, Tamil *Nadu.* 12: 204-216.

Poore, M.E.D. (1968) Studies in Malaysian rainforest.The forest on Triassic sediments in Jengka forest reserve./. *Ecol.* 56: 143-196.

Possingham P. Huge, Sandy J. Andelman, Mark A. Burgman, Rodrigo A. Medellin, Larry L. Master e David A. Keith (2002) Limits to the use of threatened species lists. *Trends in Eco.and Evol.* 17: 503-506.

Prance, G.T. (1991) What is Ethnobotany today? *J. Ethnopharmacology.* 32: 209216.

Prance, G.T., W. Balee, B.M. Boom e R.L. Carneiro (1987) Quantitative Ethnobotany and the case for conservation in Amazonia. *Conservation Biology.1:* 296-310.

Prasad, M.N.V., K. Padmalatha, K. Jayaram e N. L. Raju (2006) Healing plantsof Andhra Pradesh- Indigenous knowledge, trade, threats andconservation strategies. *Proc. A.P. Acad. Sci.* 10: 109-120.

Prasad, N.B.L., G. Vasudeva Rao e C. Srinivasulu (1998) Certain useful plants for conservation of Eastern Ghat. *Proc. Nat. Seminário sobre Conservação dos Ghats Orientais, EPTRI- ENVIS.36-42.*

Pratap, D. Rabinandan (1975) *Tribes of Andhra Pradesh.* World Telugu Conference Office, Hyderabad.

Pullaiah, T. (Ed.) (1997) *Flora of Andhra Pradesh, India.Vol.* 3.Scientific Publishers,

Jodhpur.

Pullaiah, T. (Ed.) (1997) *Flora of Andhra Pradesh, India.Vol.* 3.Scientific Publishers, Jodhpur.

Pullaiah, T. e D. Ali Moulali (Eds.) (1997) *Flora of Andhra Pradesh, India.Vol.* 2.Scientific Publishers, Jodhpur.

Pullaiah, T. e D. Ali Moulali (Eds.) (1997) *Flora of Andhra Pradesh, India.* Vol. 2. Editoras Científicas, Jodhpur.

Pullaiah, T. e D. Muralidhara Rao (2002) *Flora of Eastern Ghats Hill Ranges of Southeast India.Vol.1 (Ranunculaceae-Moringaceae).*Regency Publications New Delhi.

Pullaiah, T. e E. Chennaiah (1997) *Flora of Andhra Pradesh, India.Vol.* I.Scientific Publishers, Jodhpur.

Pullaiah, T. e E. Chennaiah (1997) *Flora of Andhra Pradesh, India.Vol.* I.Scientific Publishers, Jodhpur.

Pullaiah, T. e K. Sri Ramamurthy (2000) *Flora of Eastern Ghats Hill Ranges of Southeast India.Vol.2 {Leguminosae (Fabaceae)}.Regency* Publications New Delhi.

Pullaiah, T. e K. Sri Ramamurthy (2000) *Flora of Eastern ghats, hill ranges of South East India.* Regency Publications, Nova Deli.

Pullaiah, T. e Karuppusamy (2008) *Flora of Andhra Pradesh, India.*Vol. 5.Scientific Publishers, Jodhpur.

Pullaiah, T. e S. Sandhya Rani (1999) *Trees of Andhra Pradesh, India.* Regency Publications, Nova Deli.

Pullaiah, T. e T. Dharmachandra Kumar (1996) Herbal plants in Mannanur forest, Mahabub nagar district, Andhra Pradesh.*J. Econ. Tax. Bot. Add. Ser.12* : 218-220.

Pullaiah, T., K. S. R. Murthy, P. S. P. Goud, T. D. C. Kumar e R. Vijayakumar (2003) Plantas medicinais utilizadas pelas tribos de Nallamalais, Ghats Orientais da Índia. *Journ. Trop. Med. Plants4(2):* 237-244.

Pullaiah, T., K. Sri Rama Murthy e S. Karuppusamy (2007) *Flora of Eastern Ghats Hill Ranges of Southeast India. Vol.3 (Rosaceae-Asteraceae).* Publicações Regency Nova Deli.

Raghava Rao, S. R. (1989) *Flora do distrito de Mahaboob Nagar.* Tese de doutoramento. Universidade de Osmania, Hyderabad.

Rai, S. N. (1981) Floristic composition and survival pattern of tropical rain forest tree species of Western Ghats, India. *My Forest.* Edição de *junho*, pp.101-110.

Rajasekhar Reddy, A., M. Mastan, C. V. Naidu e P. M. Swamy (2006) A Survey of Medicinal Plants in Nallamalai forests of Andhra Pradesh, India. *Proc. A. P. Akademi of Sciences.10(2):* 121-127.

Rajiv Srivastava, K. (1998) Impacto dos incêndios florestais e da interferência biótica na biodiversidade dos Ghats Orientais. *Proc. do Seminário Nat. Seminário sobre Conservação dos Ghats Orientais, EPTRI- ENVIS.*330-334.

Rajkumar, M., M. Padma e Y. Narayana Reddy (1998) Medicinal plants in the tribal area of Eastern ghats in Andhra Pradesh. *Golden jubilee Nat. Symp.on spices medicinal and Aromatic plants biodiversity, conservation and utilization,* Calicut, India. p21.

Raju, R.R.V e T. Pullaiah (1995) *Flora of Kurnool (Andhra Pradesh).* Bishen Singh Mahendra Pal Singh, Dehradun.

Rama Rao, N, e A. N. Henry (1996) *The Ethnobotany of Eastern Ghats of Andhra Pradesh.* Botanical Survey of India, Culcutá.

Ramachandran, A., D. Natarajan, N. Nagamurugau, B. Balaguru, S. Soosairaj e S. John Britto (2008) Assessment of tree species diversity in semi-evergreen forest of Chitteri hills, Eastern Ghats of Tamil Nadu, South India. *Indian Journal of Forestry.*31(2): 175-180.

Ramakrishnaiah, V. (1990) *Flora of Guntur district, Andhra Pradesh, India, Ph.*D. thesis. Universidade de Sri Krishnadevaraya, Anantapur

Ramakrishnan, P. S. (1996) Conserving the sacred: from species to landscapes. *Nature and Resources.32(1):* 11 - 39.

Rao, B. R. P., M. V. Suresh Babu, B. Sadasivaiah, S. Khadar Basha e K. N. Ganeshaiah (2009) Situação atual de ameaça de *Cycas beddomei* Dyer, uma espécie endémica das colinas de Tirupati-kadapa, Andhra Pradesh, Índia. *Encephalteros* 97: 21-25.

Rao, C. Kameswara, B. L. Geetha e G. Suresh (2003) *Red list of threatened vascular plant species in India.* BSI.Calcutá.

Rao, P. N., B. V. Raghavaswamy e T. Pullaiah (2001) *Flora of Nalgonda district, Andhra Pradesh.* Shipra publishers.Delhi.

Rao, R. S. (1998) *Vegetation and valuable plant resources of the Eastern Ghats with specific reference to the Andhra Pradesh and their conservation,* The Eastern Ghats, Proc. of the Nat. Seminar on Conservation on Eastern Ghats. pp. 59 - 86. Universidade de Andhra, Visakhapatnam.

Rao, R. S. e K. Hemadri (1979) *Andhra Pradeshlo Mandu Mokkalu* (em Telugu) Telugu Academy, Hyderabad, Índia.

Rao, Ravi Prasad, B. (1996) in *Sacred and protected groves of Andhra Pradesh.* WWF-India, A.P.State Office, Hyderabad. pp. 15-19, 28-31, 46-52, 60-63, 65-70.

Rao, Ravi Prasad, B. (2001) *Strategy and Action Plan for Southern Andhra Pradesh Region.* Projeto de relatório apresentado ao EPTRI, Hyderabad.

Rao, Ravi Prasad, B. (2008) *Diretório de nomes de plantas.* Anantha Biodiversity Consortium-Dharani, Anantapur.

Rao, Ravi Prasad, B., A. M. Reddy e S. Sunitha (2001) Kurnool jillalo pavithravanalu, jeeva vaividyatha, samrakshana (em Telugu) *Annadatha Sukhibhava* 1(1): 19-20.

Rao, Ravi Prasad, B., A. M. Reddy e S. Sunitha (2001) Kurnool jillalo pavithravanalu, jeeva vaividyatha, samrakshana (em Telugu) *Annadatha Sukhibhava* 1(1): 19-20.

Rasingam, L. e N. Parthasarathy (2009) Diversidade de espécies de árvores e estrutura populacional nas principais formações florestais e categorias de perturbação na ilha de Little Andaman, Índia. *Trop. Ecol.* 50(1): 89-102.

Ravikumar, R. e D. K. Ved (2000) 100 Red Listed Medicinal Plants of South India. FRLHT, Bangalore, pp 334-336.

Ravishankar, T. (1998) Ethnobotanical diversity of Eastern Ghats: Konda Reddys do distrito de East Godavari, Andhra Pradesh. In: *Proc. Nat. Seminário sobre Conservação dos Ghats Orientais.* Universidade de Andhra, Vishakapattanam.273-279.

Reddy, M. B., K. R. Reddy e M. N. Reddy (1988) A Survey of medicinal plants of Chenchu tribes of Andhra Pradesh, India.*Int. J. Crude Drug Res.26* : 189-196.

Rennolls, K. e Y. Laumonier (2000) Species diversity structure analysis at two sites in the tropical rain forest of Sumatra. *J. Trop. Ecol,* 16:253-270.

Rikhari, H. C. e L. M. S. Palni (1999) O fogo afecta a dinâmica da flora terrestre do ecossistema florestal: Um estudo de caso dos Himalaias centrais. *Trop. Ecol.40:* 145-151.

Roxburgh, W. (1832) *Flora Indica* (2 Vols.).Serampore.

Roy, P. S., Singh Sarnam e M. C. Porwal (1993) Characterization of Ecological parameters in Tropical forest community - A Remote Sensing approach.*Jour. Indian Soci.Remote Sensing*. 21(30): 127-149.

Roy, P.S., G. Talukdar e P. K. Joshi (2001) Landscpae Ecology Apporach for Spatial Biodiversity Characterization.*The Botanica.* 51: 1-17.

Sagar, R e J. S. Singh (2003) Predominant phenotypic traits of disturbed tropical dry decidous forest of vegetation in northern India .*Comm. Ecol.* 4:6371.

Sagar, R. e J. S. Singh (2005) Structure, diversity and regeneration of tropical dry deciduous forest of northern *India.Biodivers.Conserv.* 14: 935-959.

Sagar, R., A. S. Raghubanshi e J. S. Singh (2003) Tree species composition, dispersion, and diversity along a disturbance gradient in a dry tropical forest region of India. *Forest Ecology and Management.* 186: 61-71.

Saha, S. (2002) Anthropogenic fire regime in a central Indian deciduous forest. *Curr. Sci.* 82:1144-1147.

Salwasser, H (1990) Conservation biological diversity: a perspective on scope and approaches.*For. Ecol Manage.*35: 79-90.

Sandhya Rani, S. e T. Pullaiah (2002) A taxonomic survey of trees in Eastern Ghats. In: *Proc. Nat. Seminário sobre Conservação dos Ghats Orientais, EPTRI- ENVIS.* pp. 5-15.

Sanjappa, M. (1991) *Legumes of India, Bishen* Singh Mahendra Pal Singh. Dehradun.

Sanjay Singh, S.K.Singh e H.J. Chowdhery (2006) Some Rare and Endangeged Plants of Palamau Tiger Reserve with special reference to Ethnomedicinal value./. *Econ. Tax.Bot.*30(4): 891-895.

Santapau, H. 1955. *Botanical collector's Manual.* Calcutá.

Sarat Misra (2007), *Orchids of India,* Bishen Singh Mahendra Pal Singh, Dehra Dun.

Sasidharan, N. (2004) *Biodiversity Documentation for Kerala-Part 6: Flowering Plants.* Instituto de Investigação Florestal de Kerala, Peechi.

Sastry, A. R. K. (2002) Hotspots concept: its application to the Eastern Ghats for Biodiversity Conservation. In: *Proc. Nat. Seminário sobre Conservação dos Ghats Orientais.* 184-186.

Saxena, A. K. e J. S. Singh (1984) Tree population structure of certain Himalayan forest associations and implications concerning their future composition. *Vegetatio*. 58: 61-69.

Seshagiri Rao, R. (1998) Vegetação e recursos vegetais valiosos dos Ghats Orientais. *Proc. do Nat. Seminar.on Conservation of Eastern Ghats, EPTRI- ENVIS.* pp. 59-87.

Shah Hussain, H., Aisha Sultana, Jamal A. Khan e Afifullah Khan (2008) Composição de espécies e estrutura comunitária de povoamentos florestais em Kumaon Himalaya, Uttarakhand, Índia. *Trop. Ecol.* 49(2): 167-181.

Shali Saheb, T. (2008) *Recursos e conservação de plantas medicinais em Nallamalis, AndhraPradesh* .Tese de doutoramento da Universidade Sri Krishnadevaraya, Anantapur.

Shannon, C. Z. e W. Wiener (1962) *The mathematical theory of communication.* Univ. Illionis Press, Urbana.

Sharma, B.D e M. Sanjappa (1993) *Flora of India. Volume3:Portulacaceae-Ixonanthaceae.* Instituto Bo tanical Survey of India, Calcutá.

Sharma, B.D e N.P.Balakrishnan (1993) *Flora of India. Volume2:Papaveraceae-Caryophyllaceae.* Botanical Survey of India, Calcutá.

Sharma, B.D, N.P. Balakrishnana, R.R.Rao e P.K.Hajra (1993) *Flora of India. Volume1:Rananculaceae-Barclayaceae.Botanical* Survey of India, Calcutá.

Sharma, J.R., V. Mudgal e P.K. Hajra (1997) Floristic diversity- review, scope and perspectives. In *:Floristic diversity and conservation strategies in India.* Mudgal, V e P.K. Hajra (eds.) *Botanical Survey of India.Vol.* I. pp. 1-45.

Sheil, D., *et al.* (2002) *Exploring biological diversity, environment and local people's perspectives in forest landscapes. Métodos para uma avaliação multidiscplinar da paisagem.* Centro de Investigação Florestal Internacional, Bogor.

Shivaraj, B., Narayani Barve, M.C. Kiran, R. Umashankaar e K.N. Ganeshaiah (2000) Mapping of forests based on bilogical diversity to identify conservation sites: A case study from Udupi and South Canara districts of Karnataka.*J. Indian Inst. Sci.* 80: 531-536.

Simpson, E. H. (1949) Measurement of diversity. *Nature.163:* 688.

Singh, N.P., J.N. Vohra, P.K.Hajra e D.K.Singh (2000) *Flora of India. Volume 5: Olacaceae-Connaraceae. Botanical* Survey of India, Calcutá.

Sivaraj, N. e K. V. Krishnamurthy (2002) Phenology and Reproductive Ecology of Tree Taxa of Shrvaroy Hills (Eastern Ghats South India) *Proc. of the Nat. Seminário sobre a Conservação dos Ghats Orientais, EPTRI- ENVIS.* pp. 69-87.

Sivaraj, N. *et al.,* (2006) Medicinal Plant Wealth of Eastern Ghats with special reference to indigenous knowledge systems.*J. Swamy. Bot. Club.23:* 165-172.

Small, A., T. G. Martin, R. L. Kitching e K. M. Wong (2004) Contribuição das espécies arbóreas para a biodiversidade de uma floresta tropical do Velho Mundo de 1ha no Brunei, Bornéu. *Biodivers.Conserv.*13: 2067-2088.

Solomon Raju, A.J. e S. Purnachandra Rao (2003) Aspectos reprodutivos de espécies de árvores medicinais importantes e ameaçadas de extinção. *Santalum album* e *Pterocarpus santalinus* nos *Ghats* Orientais. *EPTRI, ENVIS - Newsletter.*9(2)

Soosairaj, S., S. John Britto, N. Nagamurugan, B. Balaguru e D. Natagajan (2003) Phytosociological Analysis on Trees of Pacchaimalai Hills - *India.Journal of Ciência das Árvores.* 22(1&2): 9-18.

Srivastava, A. K., Ashish Tewari, Shruti Shah e Bhawna Tewari (2008) Species composition and regeneration pattern along a transect perpendicular to a river course in foot- hills deciduous tropical forest of Kumaun. *Indian Journal of Forestry.31(1):* 7-12.

Subba Rao, M.V (1998) Conservation and management of wildlife resources of the Eastern Ghats forests of Andhra Pradesh, India. The Eastern Ghats, *Procedimentos do Seminário Nacional sobre Conservação nos Ghats Orientais.*285-293.Andhra University, Visakhapatnam.

Sudhakar Reddy, C., K. N. Reddy e Vatsavaya S. Raju (2008) *Supplement to Flora of Andhra Pradesh, India.*Deepti Publications.New Delhi.

Sudhakar Reddy, C., K. N. Reddy, E. N. Murthy e V. S. Raju (2009) Tree Wealth of Eastern Ghats of Andhra Pradesh, India: Uma lista de verificação actualizada. *Check List,* 5(2): 173-194.

Sudhakar Reddy, C., K. N. Reddy, K. Thulasi Rao e C. Pattnaik (2007) Estudos etnobotânicos sobre plantas medicinais utilizadas pelos Chenchus de Nallamalais no distrito de Kurnool, AP, Índia. *Research Journal of Medicinal Plants.*1(4): 128-133.

Sudhakar Reddy, C., Shilpa Babar, A. Giriraj, K. N. Reddy e K. Thulsi Rao (2008) Structure and Floristic composition of Tree Diversity in Tropical Dry Deciduous

Forest of Easten Ghats, Southern Andhra Pradesh. *Jornal Asiático de Investigação Científica.* 1(1): 57-64.

Sukumar, R., H. S. Dattaraja, H. S. Suresh, N. V. Joshi (1992) Long time monitoring vegetation in tropical deciduous forest in Mudumalai in southern India. S. Suresh e N. V. Joshi (1992) Monitorização a longo prazo da vegetação numa floresta tropical decídua em Mudumalai, no sul da Índia. *Curr. Sci.* 62: 608-616.

Sukumar, R., H. S. Suresh, H. S. Dattarja e N. V. Joshi (1998) *Forest Biodiversity, Research and Modeling* (eds. Dallameir, S. e J. Comiskey), Smithsonian Research Institution, EUA, pp. 495-506.

Sundriyal, R. C., E. Sharma, L. K. Rai e S. C. Rai (1994) Tree structure, regeneration and woody biomass removal in a subtropical forest of Mamlay water shed in the Sikkim Himalaya. *Vegetatio.113:* 53-63.

Sunitha, S. (2002) Plant *biodiversity of the sacred groves of Kurnool district, AP.* Tese de doutoramento apresentada à Universidade Sri Krishnadevaraya, Ananatapur.

Sunitha, S. e B. Ravi Prasad Rao (1999) Sacred groves in Kurnool district, Andhra Pradesh.*Paper presented in National seminar on Biodiversity, Taxonomy and Conservation of Flowering Plants.*Calicut, Kerala. pp. 367- 373.

Supriya Devi, L. e P. S. Yadava (2006) Floristic Diversity Assessment and Vegetation analysis of Tropical Semi Evergreen Forests of Manipur. *Trop. Ecol.* 47(1): 89-98.

Suresh Babu, M. V. e B. Ravi Prasad Rao (2009) Studies on the distribution pattern of a critically endangered Indian Cycad, *Cycas beddomei* (Cycadaceae) *Encephalartos,* 96:28-30.

Suryanarayana, B., A. Madhusudhana Rao e A. Sreenivasa Rao (2002) Plant wealth of Veligonda hill ranges and environs of Eastern Ghats and need for its Conservation. In: *Proc. Nat. Seminário sobre Conservação dos Ghats Orientais.* 135-150.

Thulsi Rao, K., K. N. Reddy, C. Pattanaik e C. S. Reddy (2007) Ethnomedicinal Importance of Pteridophytes used by Chenchus of Nallamalais Andhra Pradesh, India. *Ethnobotanical Leaflets.1-5.*

Tiwari, J. C. e Singh, S. P. (1985) Analysis of woody vegetation in a fixed Oak forest of Kumaun Himalaya. *Actas da Academia Nacional Indiana.* 51: 232-347.

Tiwari, K.C., G. C. Joshi e Ira Tewari (2004) Medicianal Plant Resources of the Himalaya Constraints and Remedies./. *Econ. Tax.Bot.* 28(2): 439-445.

Tripathi, K. P. e Bajrang Singh (2009) Diversidade de espécies e estrutura da vegetação em vários estratos em florestas naturais e de plantação no santuário de vida selvagem de Katerniaghat, no norte da Índia. *Trop. Ecol.* 50(1): 191-200.

Troup, R. S. (1921) *Silviculture of Indian Trees.Vol.3.* Lauraceae to Conifers.Oxford.

Udayan, P. S., Satheesh George, K. V. Tushar e Indira Balachandran (2008) Rare, Endemic and Red listed medicinal plants from the Yercaud forests of Salem district, Tamil Nadu, India.*Journal of Non-Timber Forest Products.* 15(2): 103-109.

Uhl, C. e P. G. Murphy (1981) Composição, estrutura e vegetação de uma floresta de terra firme na bacia amazónica da Venezuela. *Trop. Ecol.* 22: 219-237.

Umashaanker, R. e K. N. Ganeshaiah (1997) Mapping genetic diversity of *Phyllanthus emblica:* Forest gene banks as a new approach for in situ conservation of genetic resources. *Curr. Sci,* 73(2): 163-170.

Umashaanker, R., K. N. Ganeshaiah, K. S. Murali e K. S. Bawa (1998) Mapping Biological Richness of B R Hills. In: *BiligiriRangaswamyTemple Wildlife Sanctuary: Natural History, Biodivers. Conserv,* Ganeshaiah, K. N., Uma Shaanker, R. e Bawa, K. S. (eds), ATREE e VGKK, Bangalore. Pg. 9-11.

Umashankar (2001) A case study of high tree diversity in a Sal *(Shorea robusta)* dominated lowland forest of Eastern Himalaya: Composição florística, regeneração e conservação. *Curr. Sci.* 81: 776-786.

UNEP-WCMC (2009) URL www.unep-wcmc.org/species/dbases/flora

Upadhaya, K., H. N. Pandey, P. S. Law e R. S. Tripathi (2003) Tree diversity in sacred groves of the Jaintia hills in Meghalaya, northeast India. *Biodivers.Conserv.*12: 583-597.

Valencia Renato, Henrik Balslev, Ouillermo Paz Y Minoc (1994) High tree alphadiversity in Amazonian Ecuador.*Biodivers. Conserv,* 3: 21-28.

Valencia, R., H. Balslev e G. C. Paz Y Mino (1994) High tree alpha-diversity in Amazonian *Ecuador.Biodivers.Conserv.* 3: 21-28.

Venkataratnam, K. (2006) *Propriedades fitoquímicas e antimicrobianas de certas plantas medicinais raras e endémicas do santuário de vida selvagem de Gundlabrahmeswaram.* Tese de doutoramento. Universidade Sri Krishnadevaraya, Anantapur.

Venkateswaran, R. e N. Parthasarathy (2003) Tropical dry evergreen forests on the

Coramandel coast of India: structure, composition and human disturbance. *Ecotropica.9:* 45-58.

Vijaya Kumar, R. (1998) *Ethnobotany of Prakasam district.* Dissertação de mestrado apresentada à Universidade de Sri Krishnadevaraya, Anantapur.

Vijayalakshmi, K. (1993) *Ethno Medico - Chemico - Botany of Antidotes used by chenchus in Ahobilam Hills of Kurnool district.* Dissertação de mestrado apresentada à Universidade Sri Krishnadevaraya, Anantapur, Andhra Pradesh, Índia.

Vucetich, J. A., T. A. Waite, L. Qvarnemark, and S. Ibarguen (2000) Population variability and extinction risk. *Conservation Biology* 14: 1704-1714.

Wagh, S. K. (1960) *Studies on the Flora of Andhra State.* Tese de doutoramento. Universidade de Bombaim, Bombaim, Índia.

Walter, K. S. e H.J. Gillett (1998) 1997 IUCN Red List of threatened plants.IUCN Publishing service, Cambridge.www.unep-wcmc.org

Whitmore, T. C. (1984) *Tropical Rain Forests of the Far East.*2nd edition.Oxford University Press.Oxford. pp. 352.

William-Linera, G. (2002) Complementaridade da riqueza de espécies arbóreas, perturbação e fragmentação numa floresta tropical monstânica nublada mexicana.*Biodivers.Conserv.*11: 1825-1845.

Woodward, Bond W. J., F. I. e G. F. Midgley (2005) The global distribution of ecosystems in a world without fire. *New Phytologist.165:* 525-538.

Zakaria Rahmad, Asyraf Mansor, Nik Fadzly, Nik Rosely e Mashhor Mansor (2009) Comparação das comunidades vegetais em seis parcelas de estudo nas reservas florestais de Penang, Malásia. *Trop. Ecol.* 50(2): 259-265.

Zar, H. Jerrold (1999) Biostatistical Analysis. Quarta edição. Pearson Education, Londres.

MIX
Papier aus verantwortungsvollen Quellen
Paper from responsible sources
FSC® C105338

Printed by Books on Demand GmbH, Norderstedt / Germany